奋斗着，幸福着

赵艳伶　韩银平　赵　晴　著

中华工商联合出版社

图书在版编目（CIP）数据

奋斗着，幸福着 / 赵艳伶，韩银平，赵晴著．—北京：中华工商联合出版社，2018.12

ISBN 978-7-5158-1930-3

Ⅰ.①奋… Ⅱ.①赵… ②韩… ③赵… Ⅲ.①女性－幸福－通俗读物 Ⅳ.①B82-49

中国版本图书馆CIP数据核字（2018）第279366号

奋斗着，幸福着

作　　者：赵艳伶　韩银平　赵晴
策划编辑：胡小英
责任编辑：李　健
封面设计：刘红刚
责任审读：郭敬梅
责任印制：迈致红
出版发行：中华工商联合出版社有限责任公司
印　　刷：三河市九洲财鑫印刷有限公司
版　　次：2019年2月第1版
印　　次：2019年2月第1次印刷
开　　本：710mm×1020mm　1/16
字　　数：164千字
印　　张：14.5
书　　号：ISBN 978-7-5158-1930-3
定　　价：49.80元

服务热线：010-58301130
销售热线：010-58302813
地址邮编：北京市西城区西环广场A座19-20层，100044
http://www.chgslcbs.cn
E-mail：cicap1202@sina.com（营销中心）
E-mail：gslzbs@sina.com（总编室）

前　言

相信很多人都会问自己这样的问题："到底什么才是我想要的幸福？如何才能实现我一直向往的幸福生活？"

在生活中，一个身无分文的人会说，有钱就是幸福；一个忙碌的人会说，悠闲就是幸福；一个婚姻破碎的女人会说，能被爱就是幸福；一个双腿截肢的人会说，能走路就是幸福；一个双目失明的人会说，能看到这个世界就是幸福……不同的人对于幸福的理解是不同的。但无论我们从事何种职业，无论是忙碌还是悠闲，无论是富有还是贫穷，追求幸福、享受幸福都是重要的目标。

成长让我们越来越明白，一个人的幸福是一种狭隘的幸福，只有让身边更多的人都找到开启幸福大门的钥匙，才是真正的幸福。随着人生阅历的不断丰富，我们将更加意识到：其实，幸福从来不会唾手可得，幸福是奋斗出来的。整个奋斗的过程，就是将原本看不到、摸不到的幸福具体化、实景化的过程，这样我们不仅可以感受到幸福，还可以看到幸福的样子，甚至尝到幸福的滋味。

每个人在漫漫生命之路中一路行走，为了各种理由奔波、挣扎、奋进，我们一路追求，为了成功的事业，为了美满的家庭、为了健康的体魄……在一路的狂奔中，又有谁会停下脚步仔细想想，我们如此锲而不舍，到底是为了什么？所有的答案最终都会指向同一个目标：我们如此不懈奋斗，都是为了追求自己梦寐以求的幸福。

对于女性来说，生活不会因为我们是女人就格外照顾我们。生活从不会因为我们是女人就怜香惜玉；职场中从来不会有性别之分，只有竞争，“适者生存，不适者被无情淘汰”，这是铁律；婚姻是相互扶持而不是扶贫，纯粹的感情再加上共同并肩进步，才能让幸福走得更加长久。所以，无论是生活、工作还是爱情，对于女人来讲，要想幸福，唯有奋斗才是唯一的选择。

在奋斗中，我们可以让自己茁壮成长；在奋斗中，我们可以活出自己想要的模样；在奋斗中，我们可以实现自己的人生梦想；在奋斗中，我们可以活出自己的精彩；在奋斗中，我们可以拥有更加美满的家庭和甜蜜的爱情。人生在世，得此幸事，便是此生最大的幸福，也是最恒久的幸福。

本书站在女性的立场上，告诉每一位女性，要想让自己真正过得幸福，是要靠自己的双手去奋斗的。因为通过奋斗可以让自己学会长大；奋斗可以让自己获得更加永恒的幸福；奋斗可以让自己拥有一颗永不磨灭的进取心；奋斗可以帮助自己做好喜欢做的事；奋斗可以激发自己的潜能；奋斗能够实现爱情与事业花开并蒂；奋斗可以让自己在繁华时不忘形，在平淡时不消沉；奋斗可以提升家庭幸福指数；奋斗可以滋润我们的婚姻。能够通过奋斗实现这一切的女人，都是这个世界上最幸福的女人。

请读者朋友们相信自己追求幸福的力量，相信通过自己的不懈奋斗可以换来独一无二的幸福。在追求幸福的道路上，希望各位读者能够像书中讲述的那样，不断突破自我编织的障碍，找回对幸福的感知力，建立属于自己的幸福体系，进而收获真正幸福的自己！

愿每位读者在拿起本书的时候，能够开始一段关于幸福的旅途，并能够在旅途中为发现幸福、挖掘幸福而奋斗不息，让自己成为幸福的人。

目录 CONTENTS

每个女人都有追求幸福的权利，有让自己变得更加完美的权利。有的人认为女人的幸福其实就是，哭的时候有人疼，累的时候有人靠，病的时候有人陪，一个温暖的怀抱，一个可靠的肩膀，一个会拼命赚钱舍得给你花的人。但事实上，所有这一切别人给予的幸福，都无法与自己通过奋斗换来的幸福相媲美。因为别人给的幸福一旦终止，你将不再是一个拥有幸福的人；而你自己通过不懈奋斗换来的幸福，则时刻伴你左右，这样的幸福是与日俱增的，是永恒的。

第二章 短暂的舒适并不能保证以后的幸福 025

有的人认为："女人学得好不如嫁得好。"持有这种思想的人，往往认为女人不用好好学习，不用那么辛苦地工作，只要让自己变得漂亮，找个有钱的男人嫁了就能保证后半辈子的幸福。其实，凭借他人给予的幸福只能算作短暂的舒适，而并不能保证以后的幸福。女人要想让自己真正过得幸福，是要靠自己的双手去奋斗的，只有这样获得的幸福才是长久的、永恒的幸福。

第三章 可以选择平凡，但从不选择平庸 049

生活中，经常有很多女人对自己的现状十分不满，她们喋喋不休地抱怨自己出生在平凡的家庭，工作不受领导赏识，颜值平平，嫁得不理想……她们总是认为自己是埋在沙土中的珍珠，永远不会有发光之日；她们总是感叹自己是没有被伯乐发掘的千里马，英雄没有用武之地。面对种种劣势，她们得过且过地生活着，对工作吃饱混天黑，迷失了自己前进的方向，最初那颗进取的心就此磨灭。在随波逐流之际，她们将自己推向了平庸的边缘，从此她们的人生便在平庸、消沉中度过。

人生来平凡，但不能因为平凡就选择平庸。因为在平凡的泥土中也可以培养出鲜活的生命，孕育出壮丽的人生，这关键在于自己的选择。

第四章 每一次选择都要听从内心的声音 079

每个人都有不同的人生，我们无法复制，也无须复制别人的人生。人活着，最重要的事情就是每次在人生的岔路口需要做选择的时候，都能遵从自己内心的想法，听从自己内心的声音，选择自己喜欢的事情去做。因为人的一生是十分短暂的，我们不要活在世俗的眼光和观念里，不要让别人的意见左右我们的内心。勇敢地去追随自己的真实想法，这样你才能活出自我。

第五章 必须为幸福留下一点印记 103

时间匆匆，人生短暂，我们都想为自己的幸福留下一点印记。其实，幸福离我们并不遥远，如果你不幸福，是因为你放弃了进取、丢弃了努力、关闭了大门、阻止它进入。很多时候，幸福并不是挂在嘴边就能实现的，而是需要你伸出双手去创造。很多人感觉自己得不到幸福，就是因为你想得太多、偏见太多，用头脑中的标准阻碍了自己追逐奋斗的潜能。当你付诸实际行动时，回头望去，你会发现其实幸福已经在你的人生路上留下了一道道印记，这些都是你不断奋斗的印证。

第六章 事业是幸福女人自信的最大来源 123

在现代社会中，能够从家庭中走出来，走向社会，走向职场，运筹帷幄、游刃有余的女人，是优秀的女人，是受欢迎的女人。这样的女人在任何时候都对自己的人生充满了自信，对生活充满了热情。

其实，对于女人而言，爱情和事业并不是两个矛盾的方面，那些在职场中叱咤风云的女人，更加深谙为人处世之道，对于人与人之间的关系和情感能够处理得更好、更和谐。基于这些，她们能够更好地经营自己的爱情，让爱情与事业花开并蒂。

第七章 繁华时不忘形，平淡时不消沉 145

人生，总是在走上坡路时需要低头，在走下坡路时需要抬头。没有谁的一生能一帆风顺，有得意之时，也会有失意之时。我们既要懂得珍惜，又要懂得谦卑。在蒸蒸日上之际，切勿骄傲自满，忘了来路的艰辛。在遇到失意之时，更要学会用积极的心态去看待前路的坎坷，以积极进取的精神继续追求，切勿消沉不前。正所谓“得意时不忘形，失意时不消沉”。不以物喜，不以己悲，才是人生的幸福之道。

第八章 幸福的家庭需要用心经营与呵护 167

萧伯纳说过："家庭是世界上唯一隐藏人类缺点与失败，而同时蕴藏着甜蜜之爱的地方。"一个幸福的女人，不仅在事业上有所成就，同时也会拥有和谐幸福的家庭。因为，她们不仅懂得经营自己的事业，更懂得用心经营与呵护自己的家庭，努力提升家庭的幸福指数。

第九章 幸福的婚姻需要不懈奋斗来获取 191

幸福的婚姻是要用爱来浇灌的。一个女人，要想得到真正幸福的婚姻，就必须有获取幸福的资本。这些都是一个女人需要不断奋斗，天天都要在情感账户中"存款"，只有存得满满的情感账户才能让我们在碰到矛盾、摩擦时有"款"可提。这样的婚姻才是让人羡慕的幸福婚姻。

第一章

你若奋斗，幸福便会增长

——在奋斗中学会长大

每个女人都有追求幸福的权利，有让自己变得更加完美的权利。有的人认为女人的幸福其实就是，哭的时候有人疼，累的时候有人靠，病的时候有人陪，一个温暖的怀抱，一个可靠的肩膀，一个会拼命赚钱舍得给你花的人。但事实上，所有这一切别人给予的幸福，都无法与自己通过奋斗换来的幸福相媲美。因为别人给的幸福一旦终止，你将不再是一个拥有幸福的人；而你自己通过不懈奋斗换来的幸福，则时刻伴你左右，这样的幸福是与日俱增的，是永恒的。

女人的成长比成功更重要

很多有雄心壮志的女人，都是极其渴望成功的，并想成为人人羡慕的女强人。还有很多女人认为在漫长的岁月中，如果能通过自我努力拥有和谐美满的家庭和婚姻，又能在事业上和人生中取得更多的成就，这或许就是一个成功女人的标配。

不少人会羡慕那些“嫁得好”的女人，认为她们过着衣食无忧的生活，算是人生赢家；也有人认为那些在职场中叱咤风云的女人，才是成功的女人；还有的人认为那些能够拥有美满婚姻和家庭的女人，才算是拥有了成功的人生。

的确，对于一个女人来讲，判断其成功与否，不外乎事业、生活、家庭、婚姻等方面，但是如果说成功是外在的辉煌和荣耀，那么成长则是一种内在的生命需求。因为成功是阶段性的，但成长可以是持久的。

我们可以通过短暂、快速的努力实现自我突破，并换来成功的喜悦，但我们更可以通过恒久的奋斗收获自己的幸福人生。阶段性的成功是一种短暂的幸福，而持久的成长才是一种伴随自己一生的幸福。

因为，“嫁得好”的女人虽然能够享受衣食无忧的生活，但其经济来源并不是通过自己的努力和奋斗换来的，而是别人给的。在你决定放弃自己的事业而回归家庭，并担任家庭主妇的那一刻，你已经放弃了奋斗不息的斗志，自此被家庭琐事和柴米油盐酱醋茶所支配。久而久之，很多女人就会为此而抱怨，甚至将这种抱怨上升为一种家庭战争，严重的会导致以分手收场。因此，不奋斗，实际上就是终止自己的成长，而在此基础上过着表面衣食无忧的幸福生活，看似成功，实则背后隐藏了很多悲惨和不幸的场景。内在没有获得成长的人生又何谈是真正成功的人生呢？

在职场中能够“呼风唤雨”、叱咤风云的女人，虽然让人羡慕不已，但你是否知道其成功的光环下付出过怎样的努力、经历过怎样的坎坷？要知道，唯有厚积才能薄发，只有平时不断努力，让自己获得能力、经验上的成长，才能在事业上体现出自己的价值和存在的意义，进而得到应有的价值回报。此时，你所取得的成功，都是你在每个成长过程中不断奋斗而得到的结果，没有成长，便不会获得成功，不会获得事业上的幸福感。

和谐美满的婚姻和家庭并不是人人都有的，其给人带来的幸福感，往往是女人在经营婚姻和家庭的过程中，用不断总结和摸索出来的经验和教训所换来的。一个人只有在经验和教训中才能成长，只有经历不同阶段的成长，才能最终成功到达幸福彼岸。

可见，没有成长，就不会有成功，成长比成功更重要。下面看一个非常富有哲理的小故事：

> 一天，徒弟问师傅："一碗糯米有多少钱的价值？"师傅说："这个问题太难说了，主要看这碗米在谁的手中。要是在一个家庭主妇手里，她加点水蒸一蒸，半个钟头几碗糯米饭做出来了，一家人够吃一顿，所以它就是一顿饭的价值；要是在小商人手里，他把糯米好好泡一泡，加一些红枣、花生或一些肉类，并用粽叶包一下，五六个粽子一上市就是二三十块钱的价值；要是到了一个更有头脑的大商人手里，把它适当地发酵、加温，很用心地酿造一坛美酒，有可能是一两百块钱的价值。所以一碗糯米到底有多少价值，要因人而异。"

其实我们每个人最初的价值就是"一碗糯米"。随着时间的推移，人和人之间的价值观就产生了差距。发展的不同结果，在很大程度上取决于每个人对"一碗糯米"的加工程度。通常来说，加工的时间越短，价值就越低；加工的时间越长，价值也就越高。

把这个过程比作人生成长的一个过程就再合适不过了，你朝着什么方向成长、成长过程中付出了多少努力、奋斗的时间有多长，这些因素影响着你给自己带来的价值空间有多大，影响着你是否能够取得成功。如果说成功就是一坛美酒，那么成长的过程则是美酒的酿造过程。没有人一生下来就是一坛美酒，成为美酒的结果是让人感到快乐、幸福的，但是成为美酒的过程却是痛苦的，是要经历多次的高温、发酵、蒸馏、勾兑换来的。

作为一个人，要想让自己因成功而幸福和快乐，贵在如酿酒般经历多重考验，在持之以恒、艰苦奋斗中，换来脱胎换骨的成长。

所以，女人，成长要比成功更重要。女人要想拥有恒久的幸福，就必须奋斗不息，让自己不断成长。

最穷的出身，也许是最好的起点

记得之前看到过这样一则小故事：

有一个孩子，家徒四壁，他每天都要提着小筐去捡那些从拉煤车上掉下来的碎煤。为了得到果腹的面包，他请求老板让他擦拭面包店的窗户。这个工作干完之后，他又开始忙着去寻找其他工作。他每周六早晨卖报，星期六下午和星期天要向那些坐马车旅行的人兜售冰水和柠檬水。到了晚上，他还要为报社写关于各处举行的生日宴会和茶会的新闻，这时他才12岁。等到13岁那年，他离开了学校，到一家公司当了一名清洁工，逐渐结识了一些名人，开始有了自信和雄心。这个孩子就是美国新闻史上著名的杂志编辑博克，他创办了世界上发行量最大的妇女杂志《妇女家庭》。

其实，很多像博克一样在事业上取得成功、有所建树的人，往往出身贫寒，经历过贫穷。有人说贫穷是魔鬼，让一个人深陷困苦当中，失去了对生活的欲望。当你急需钱的时候，贫穷的确很可怕，许多人因为贫穷而失去了家庭，甚至因此而丧命。但也正是这种贫穷激励了很多人自强自立、艰苦奋斗，勇敢克服困难，使其在成长的道路上不断奋斗、追逐幸福。

“穷则思变”，的确，正如“哪里有压迫，哪里就有反抗”一样，人所忍受的能力一旦达到了临界点，到了不能忍受的时候，就会激起内心反抗的力量，去追求更加美好的生活。从某种意义上来说，一个人贫穷的出身，也许是激励他朝着未来幸福美好的人生不懈奋斗的起点。贫穷甚至能给人带来无法想象的奋斗激情。

居里夫人是伟大的化学家、科学家，发现了两种新元素钋和镭，为癌症患者带来了福音。但我们却很少知道居里夫人的励志故事。

其实居里夫人的前半生是十分清贫的。在11岁的时候，居里夫人的母亲因肺病去世了。居里夫人在家中排行老五，上有三个姐姐和一个哥哥，家庭中五个孩子的吃穿用度以及学费等重担就全部落在了父亲的肩上。穷人的孩子早当家，作为家中年纪最小的孩子，虽然年纪小、力量不够强大，但居里夫人却懂得用恬淡的心态去面对清贫，用加倍的努力去赢得光荣。她认为：“我从来不曾有过幸运，将来也永远不指望幸运，我最高的原则是，对任何困难都绝不屈服，唯有不断奋斗才能过上我想要的生活！”因此，母亲的去世、生活的贫穷激发了她奋发图强的精神。

在之后的日子里，居里夫人努力学好自己的功课，初中毕业时，她因成绩优异获得了金质奖章，但国内不允许女子上大学，而父亲又没有资金供养她到国外上大学。在1891年，居里夫人靠自己当家庭教师所积攒下来的钱，从华沙到巴黎大学求学。为了有更多的时间学习，她常常废寝忘食。经过三年的刻苦努力，居里夫人先后获得了物理学和数学学士学位，并获得了在研究室工作的机会。

后来，居里夫人与自己的丈夫结识，两人为了共同的科学事业并肩作战。后来，她的丈夫不幸去世，居里夫人忍受着精神上的巨大创伤和身体上病魔的折磨，依旧进行着既定的科研工作，直到发现了钋和镭两种新元素，使夫妻共同开创的科学事业大放异彩，更使得居里夫人成为名满天下的杰出的女性科学家。

俗话说“穷人的孩子早当家”，就是因为贫穷，居里夫人不得不过早地承担家务，比同龄人更早地接触到各种各样的人和事，更早地懂得奋斗对于一个穷孩子的重要意义。不得不说，正是因为幼时的贫穷，激起了居里夫人不断奋斗的动力，使她成为当之无愧的成功女性。

美国钢铁大王安德鲁·卡内基曾经说：“不要以为富家的子弟得到了好的命运。大多数的纨绔子弟做了财富的奴隶，他们不能抵制任何诱惑，以致陷于堕落的境地。要知道，享乐惯了的孩子，决不是那些出身贫贱的孩子的对手。一些穷苦的孩子，甚至穷苦得连读书的机会都没有的孩子，长大之后却成就了大事业。一些普通学校一毕业就进入职场的苦孩子，开始做着非常平凡的工作。可这些苦孩子，也许就是无名的英雄，将来能拥有很丰厚的资产，获得无上的荣誉。”

的确，金钱并不等于财富，金钱只是财富的一种表现形式，真正的富有者是精神上的富有。所谓“人穷志不短”，精神财富是一个让人能获得坚强、毅力、动力等种种力量的源泉，这种力量能让人们有永不懈怠的奋斗之心，敦促自己摆脱贫穷、改变命运，迎接属于自己的幸福。有人曾说过：“那些了不起的人之所以杰出，是因为他们从贫穷中攫取了智慧。”世界上并不是每一种贫穷都是灾难，在贫穷的起点上奋斗，也是一种难能可贵的意念和行动。

我们能在贫穷中攫取智慧，同时也可以用自己的亲身经历告诉自己：贫穷不但会教导人们知道生活的艰辛，而且会使人们振作起来去迎接未来人生路上的风风雨雨。有些人往往认为贫穷会使人失去或损失什么，让自己变得更加不幸，而其实人真正的贫穷和不幸，就是不去尝试改变生活，总想停下追逐幸福生活的脚步。

其实，贫穷的出身并不可怕，它并不能成为阻止一个人奋斗的绊脚石，反而能够成为一个人追逐幸福的动力。千万不能因为自己贫穷的出身就认为自己注定贫穷，注定死于贫穷。相反，最穷的出身也许就是你走向辉煌明天的最好的起点。你要学会用坚毅的决心与贫穷奋斗到底。蓦然回首时，你会发现，这世间种种的幸福和富有，都是奋斗而来的。

| 迷茫，是因为你一直站在原地 |

生活中，我们经常被迷茫所困扰。我经常问自己："我适合做什么？""我的兴趣和长处在哪里？""我应该做哪一行、哪种职业？""未来我的人生该何去何从？"……

其实，这样的迷茫几乎是所有人都会遇到的状态。这些迷茫会让人产生痛苦和困惑，并且总是让人找不到答案。当迷茫到极端的时候，会让人对生活失去信心，感到抑郁、不幸，甚至绝望。

虽然这种迷茫可能会让我们沦为绝望的"奴隶"，但绝望并不可怕，因为每个人心中其实都潜藏着一种破除迷雾的力量，这种力量能让我们找到通往幸福人生的方向，并让我们朝着这一方向奋斗不已。

心理学研究表明：如果一个人的目标太多就会焦虑；如果一个人失去

了目标，就会迷茫。其实，归根结底，迷茫是一段时间内失去了生活目标，陷入了一种虚无之中。很多时候，人之所以迷茫，就是因为失去了奋斗的动力，总是站在原地，使自己停滞不前。

一个小和尚带着一脸的茫然，跑来问老和尚："师父，有人说我是天才，有人说我是笨蛋，你觉得呢？"

"那你是如何看待你自己的呢？"老和尚没有回答，却反问道。小和尚被老和尚的反问问得更是茫然了。

此时老和尚看了看小和尚若有所思却依旧写满了"茫然"两个字的样子，说道："譬如一斤米，在做饭人的眼中，他就是几碗饭；在做烧饼人眼中，它就是几个烧饼；而在酿酒人眼中，它又成了酒。而米却还是那米，关键要看自己想要成为什么。"老和尚又看了看小和尚继续说道，"同样，你还是你。有多大的出息，取决于你是怎样看待自己的，是如何通过自己的努力来证明自己的，而不是站在原地听别人眼中的你是怎样的。"

小和尚听完后豁然开朗。

正如老和尚所讲，我们每个人感到迷茫的时候，正是自己一直站在原地，没有对自己的人生做出任何改变的结果。

首先，要检测自己迷茫情绪背后的思想支持，理解它们是什么，再反问自己这些想法是否是真实的。负面思想总是在"魔化"真实的存在，因此，如果以有限的现在试图把握无限的未来，只会让人焦虑不安、迷茫无措，使我们常常活在思想幻觉的枷锁中而不自知。如果一切思绪都变得明朗，你便会有一个明确的奋斗方向，更有信心朝着这个方向不断突破自我。当你成功的那一刻，你便是幸福的。

其次，学会有意识地以开放的心态、真诚地承认自己对未来无知，虔诚地迎接生命的所有可能，并大胆地从为你自己所画的圈中走出来，这样内心的平和会指引你带着一颗奋斗不息的心走向属于自己的幸福方向。也许，此时你会发现，当时你以为你站在原地就能获得幸福人生最可靠的保障的想法是错误的。如果没有奋斗的方向，就无法用明亮的双眼看到你有战胜挑战的能力，你将永远无法让幸福指数得以增长。

| 知识的丰盈，是奋斗路上最好的给养 |

法国小说家爱弥尔·左拉说过这样一句话：“愚昧从来不会给人带来幸福，幸福的根源在于知识。”一个女人，在成长的道路上，美貌可以为她增添更多的自信，但是一个女人如果拥有渊博的学识，能用丰富的知识来丰盈自己，则会获得奋斗路上最好的给养，让自己在迈向幸福的路上走得更加顺畅。

我在学生时代，一直品学兼优。有一次，在偶然陪嫂子找工作面试的时候，得到了老板的赏识，从此开启了自己的事业生涯。这一路走来，有不少的艰辛，也有不少的收获，之后还得到了另外两位合伙人的邀请，并成为DS品牌的创始人。

然而这些成绩，并没有让我停止学习的脚步。我认为：在这个世界上，每个人都在努力，只是努力的方法、方向、目标和程度各有不同。小孩子努力，是为了成长；成年人努力，是为了成功；成功者努力，是为了更大的成功。成就是没有标准的，成功是没有止境的，我们需要不断用知识武装自己。

2016年，我决定再一次挑战自己，试着报考清华大学的EMBA。在这一年中，我除了要处理企业各项繁忙的工作外，还会抽取点滴时间温习功课，全力备考。功夫不负有心人，在爱人的辅导下，我一路过关斩将，如愿被录取进入清华大学EMBA总裁高级研修班进修学习。

就像清华大学的校训“自强不息，厚德载物”一样，我在学习的过程中，了解到许多企业家同学自立自强艰苦创业的励志故事，也感受到同学们睿智的商业头脑和前沿理念。自己的视野在不断拓宽，而危机感和对品牌的使命感也在加深。这让我更加清晰地感受到学习永无止境。创业好比是造船，唯有通过向别人学习和深造造船技术，才能在造船的基础上造舰艇。

2018年5月，我顺利完成清华大学工商管理（EMBA）总裁高级研修班全部课程，喜获毕业证书。但对于我来说，清华求学只是自己人生求学之旅的开始，自己的学习脚步将永不停歇。

回过头来看看自己走过的路，我更加意识到知识对于一个走在奋斗之路上的人的重要性。因此，我开始广泛阅读各方面的书籍，以丰富自己的学识和见地。随着知识的不断积淀，在奋斗路上再遇到困难和问题解决起来就变得游刃有余。

一个女人一旦拥有了丰富的知识，即便涉世未深，也能够从丰盈的知识当中了解到、学到很多未来奋斗道路上可能遇到的坎坷和艰辛。虽然这些并不一定是你自己在攫取人生幸福的过程中真正需要面对的困境，但却能为你勇于面对和接受各种困境提前打“预防针”，让你明白哪些是完全可以避免的，哪些是避无可避但却可以用自己丰富的学识来完美化解的。

一个人在高山之巅的鹰巢里抓到了一只幼鹰，他把幼鹰带回家，养在鸡笼里。这只幼鹰和鸡一起啄食、嬉闹和休息。它以为自己是一只鸡。这只鹰渐渐长大，羽翼日益丰满，主人想把它训练成猎鹰，可是由于它终日和鸡混在一起，已经变得和鸡完全一样，根本没有飞的愿望了。主人试了各种办法，都毫无效果，最后把它带到山顶上，将它扔了出去。这只鹰像块石头似的，直接掉了下去，慌乱之中它拼命地扑打翅膀，就这样，它终于飞了起来！

其实，雄鹰在被扔下悬崖时慌乱扑打翅膀的过程就是一个自我学习的过程。它在扑打翅膀的过程中掌握的飞翔技能，便是其能够成功飞向天空所必备的知识。同样，女人要想幸福，无论何时，都不要忘记多读书、多学习，不断用知识来充盈自己。拥有知识的女人可以不再畏惧年龄，能够让心灵得到滋养，变得成熟，能够让女人获得独特的气质和魅力，在自我奋斗的路上获得征服一切的勇气和力量。

（注：本节中的“我”系作者之一——赵艳伶）

始终要有奋斗者的心态

或许你会说幸福之路是漫长而艰辛的，事实上，只要你永远不失去对幸福生活的热情，并始终保持一颗奋斗的心，那么幸福将离你不再遥远。

一位年轻人拜一位国际知名的钢琴教授为师。第一天上课，教授给了他一份乐谱："试试看吧！"乐谱难度很高，年轻人弹起来僵硬生涩，漏洞百出。

"弹得不熟，回去继续好好练习。"教授如此叮嘱。

年轻人回家练习了一个星期，第二周上课的时候，正准备弹奏这份乐谱，教授却又给了他一份难度更高的乐谱："试试这个！"对于上周的乐谱，教授只字未提。而年轻人接受了更高难度的挑战，这让他备受煎熬。

第三周，更加难的乐谱出现了，同样的情况一直持续着，年轻人每上一次课都要面对比上一次更高难度的挑战，然后把它带回去练习，接着回到课堂上，重新面对比之前更难一级的乐谱。无论年轻人怎么努力，永远都无法把当前的乐谱弹奏得驾轻就熟。

三个月后，当年轻人走进教室，教授又一次递上了一份乐谱。此时年轻人按捺不住内心的疑虑，问道："请问您，这三个月为什么要用这样的方式来折磨我？"

教授没说话，递上最初的第一份乐谱，说："试试看！"

不可思议的事情发生了，年轻人非常轻松地弹出了第一份乐谱，美妙的旋律让自己陶醉。接下来的第二份乐谱也是这样的效果。年轻人此时感觉自己的弹奏水平较之前高出很多，并对这样的惊人效果惊讶得说不出话来。

教授看着年轻人，意味深长地说："如果你当初只弹你熟练的部分，不继续弹奏后面难度更大的乐谱，怎么会有你现在这样神速的进步？"

其实我们所追逐的幸福，就好比年轻人弹奏所取得的神速进步一样；而我们不断为幸福而奋斗的过程，与年轻人不断练习高难度乐谱的过程是相似的。试想，如果年轻人因为乐谱难度系数的增加而放弃继续练习，那么他就不会获得弹奏技术神速进步的结果。而我们在追求幸福的时候，如果因为一些坎坷、挫折而打消了奋斗的积极性，并选择就此放弃，那么我们最初所憧憬的幸福必将离我们越来越远。

所以，要想让自己变得幸福，就需要不断地挑战外界的压力，挑战那些更加困难的事情，才会有所突破、有所成长。要知道，每个人的潜能都是无限的，能不能很好地挖掘自己的潜能，关键是看自己如何选择，是选择始终保持一颗奋斗的心，不断迎接挑战、迎接困难，还是面对困难就选择安逸和逃避？两种选择，必将产生全然不同的结果。

积极的心态使人充满活力，充满欢乐，推动自己更加积极向上，勇于行动，这样一步步攀上高峰之后，你将获得那些消极者永远无法体验到的荣耀感和幸福感；消极的心态往往使人灰心丧气、悲伤难过，甚至就此沉沦和堕落，这样幸福永远都不会属于你。所以，女人，要把自己的心态转变过来，心态积极，奋斗不止，我们就会一步步感受到幸福的存在，享受到幸福的欢愉时刻。

其实，大凡幸福的人，都具有一颗坚持不懈的奋斗之心，他们会在绝望中发现希望，在悲伤中看到快乐，他们的内心总是充满了积极和乐观，总是写满了目标和理想，他们总是能够微笑面对生活中的一切，所以他们是幸福的。作为一个女人，更需要用不懈奋斗的心态去寻找属于自己的幸福。不经意间你会发现，你已经跨入了幸福的行列，走进了幸福的殿堂。

如果海伦·凯勒整天都处在悲观消极当中感慨自己的人生：“唉！像我这样一个又聋又哑的残疾人，我还能做什么？我真是一点用都没有，活着就是对生命的浪费！”那么她将在自己的叹息中和人们的同情中度过余生。然而，现实生活中的海伦·凯勒虽然饱受失去光明和听力的煎熬，在面对大多数人认为的不幸的时候，海伦·凯勒并没有自暴自弃，反而能够用积极乐观的心态去坦然面对，并用自己的实际行动持续为世界创造出极高的价值。海伦·凯勒用持续奋斗的心态颠覆了人们认为的不可能，为教育界和文学界做出了伟大的贡献。所以，海伦·凯勒的人生是成功的，她是幸福的。

成功没有快车道，幸福没有高速路。所有的成功，都是来自不倦的努力和奔跑；所有的幸福，都是来自平凡的奋斗和坚持。要时刻记得，不坚持奋斗，就永远不会收获恒久的幸福，不奋斗就会永久停留在原点。美好幸福的人生需要通过把握机会和不懈奋斗来获得，奋斗永远比停下来等待拥有更多的获得幸福的机会。

常言道“不经历风雨，怎能见彩虹”，在我们生活中也同样如此，“不经历奋斗，怎能尝到快乐”！面对困难，我们不能蜷缩在墙角瑟瑟发抖，而应该站起来，拍拍身上的泥土，继续努力奋斗。

作为一个女人，要懂得：收获的任何幸福都不是巧合，而是每天努力奋斗与坚持不懈换来的。人生因为有梦想而充满动力，因为憧憬幸福与美好而始终坚持奋斗。

奋斗中的女人最幸福

我们经常问这样一个问题："什么样的女人才是最幸福的女人？"在很多女孩心中，所谓的幸福，大概就是梦中的白马王子手握玫瑰花，向自己表达爱慕之情。但这大多是二十岁左右的女孩所期待的小幸福。当一个女孩逐渐成熟之后，就会发现，其实最幸福的女人是处于不懈奋斗中的女人。

有人说，一个幸福的女人，无论走了多远，走得多累，眼神中、仪态里、言语中，永远都抹不掉那种优雅、那份灵秀，依如费雯丽的娇艳与高贵，嘉宝的神秘与静默，徽英的雅致与脱俗，赫本的高贵与典雅。时至今日，她们的美依然洒满人间，给我们留下了难以磨灭的记忆。然而，纵观这些外表时刻流露出幸福的女人，她们无论多辛劳，不管有多苦，都能安之若素，最终重返奋斗的征途，因为她学会了什么是幸福，学会了如何缔造幸福。

女人一生中的幸福，不是自己的年龄、外表所决定的，也不是别人给予的，而是通过自己的努力与奋斗换来的。当一个女人感觉自己的青春绽放无余的时候，她的内心会充满忧伤和彷徨，感慨自己容颜易老，认为与那些年轻貌美的女人相比，她们会觉得自己是不幸的。之所以她认为自己是不幸的，是因为她不知道如何诠释真正的幸福，她不知道什么才能让一个女人成为最幸福的人。

每个女人都希望自己是幸福的，然而，幸福和幸运是需要代价的，天下没有免费的午餐。如果你想让自己幸福，那么请为自己的幸福奋斗吧；如果你能愉快地接受短暂的挫折，把那些奋斗中所经历的失败和伤痛当成一种获取幸福的经验，那么你收获幸福的时机可能就在你奋斗之时。

但如果你因一时的挫败而情绪低落，整日萎靡不振，诸多事情在你眼里就是一种麻烦和艰难，你也会因为暂时看不到自己的前途而就此放弃，那么你的幸福指数也会因此降到最低。

曾经听过这样一段话："我认真做人，努力工作，为的就是当站在我爱的人身边，不管他富甲一方，还是一无所有，我都可以张开双手坦然拥抱他。他富有，我不用觉得自己高攀；他贫穷，我不至于落魄。这就是女人努力奋斗的意义。"说得真好，一个女人，如果没有公主的命，那就必须有一颗女皇的心，用积极的态度去不懈奋斗。对于此时的你而言，外界的任何人和事都无法阻碍你成为一个幸福的女人，在奋斗中，你就是最幸福的那一个，你也必将因此而赢得属于自己的幸福人生。

动物王国里有一座山峰，高耸入云，非常险峻。动物们都想爬上这座高峰，一览众山小，可是许多攀登者都以失败告终。有一次，坚强的羚羊下定决心，历尽艰辛，向着最高峰迈进。

在向高峰攀登的过程中，每登上一个阶段，羚羊都要停下来休息一下，看看山脚下和远处的封疆，它欣赏云峰、雾海，看着周围大大小小的山峰和远处波涛汹涌的大海，羚羊自豪极了，在自己不断的努力下，它既看到了沿途不同高度的美丽风景，又在停歇的时候补充精力，让自己有足够的精力攀上下一个小山峰，直至达到最高处。

当羚羊到达最高峰的那一刻，它认为自己是无比幸福的，因为它能够成为第一个登上高峰的动物，将永载动物史册。更让它感到幸福的是登山的过程，因为它奋力登上每一个小山峰的时候，都能欣赏到不同高度的风景，感受到别人所体会不到的惬意。同时也让它明白如何掌握好登山时的力度和速度，从而帮助自己更加轻松、顺利地登上最高峰。

正如羚羊一样，每个女人在奋斗之后取得成功时都是幸福的，但在奋斗的过程中才是最幸福的，因为：

奋斗中的女人知道自己应当如何独立：在情感上、经济上、思想上、人格上要独立，而不是依附于别人，不成为任何人的附庸品。

奋斗中的女人知道如何充实自己：无事可做会让自己颓废，失去光彩。给自己找些事情做，虽然做不到让青春永驻，但可以让自己变得充满活力。

奋斗中的女人知道如何把压力变为动力：一个人没有压力，就不能让自己的潜力发挥最大的价值。所以，偶尔给自己一点压力，适时地让自己绽放一次，你就会发现其实自己也很优秀、很超凡。

奋斗中的女人更知道面包和爱的价值：女人是天生的情感动物。在这个现实的社会里，只有面包没有情感，会让人难以呼吸；只有情感没有面包，女人也无法生存。只有自己通过不懈的奋斗活下来，并将自己变得更加强大，才能得到属于自己的面包和爱。

能够在奋斗中懂得这些道理的女人，是这个世界上最幸福的女人。因为她们在奋斗的过程中完全掌握了让自己不断变得成熟、独立的方法，懂得如何让自己成长为一个从内到外更加强大的人。

让自己做一个奋斗的女人吧，你将收获的是幸福的时刻。

第二章

短暂的舒适并不能保证以后的幸福

——恒久的幸福才是真正的幸福

有的人认为："女人学得好不如嫁得好。"持有这种思想的人，往往认为女人不用好好学习，不用那么辛苦地工作，只要让自己变得漂亮，找个有钱的男人嫁了就能保证后半辈子的幸福。其实，凭借他人给予的幸福只能算作短暂的舒适，而并不能保证以后的幸福。女人要想让自己真正过得幸福，是要靠自己的双手去奋斗的，只有这样获得的幸福才是长久的、永恒的幸福。

拯救你的并非“王子”，而是你自己

有这样一个有趣的寓言故事：

一个一贫如洗的穷人有幸遇到了上帝，上帝问他：“你为什么会穷？”穷人说：“因为自己没有钱。”上帝继续问他：“难道有钱你就能变成富人了吗？”穷人非常肯定地回答：“当然！”于是上帝送给了穷人一百万英镑，并告诉他：“如果五年后你真的变成了富人，那么我会再给你一百万英镑。”

穷人得到了上帝给的一百万英镑，先是买了一栋别墅，然后又买了一辆奔驰轿车，又去商场买了名牌服装，最后到劳务市场雇了佣人、司机和厨师，开始享受自己的富人生活。

两年之后，穷人花光了上帝赠予的一百万英镑，为了能够继续维持自己的富人生活，他卖掉了自己的轿车，换了一辆本田汽车，继续过他的富人生活，玩有钱人才玩的东西。

又是两年过去了，奔驰车换来的钱财被穷人挥霍一空。无奈之下，他不得不卖掉自己的别墅，住进了酒店，勉强维持自己的富人生活。

然而，很快，五年的时间一晃而过，花天酒地、醉生梦死的生活耗尽了穷人的所有财富。当上帝再次出现在穷人面前的时候，他依旧和五年前一样穷。穷人无比懊悔地说："请再给我一百万英镑吧，我一定好好珍惜这次机会。"

上帝笑着说："五年前的约定你并没有做到，你现在依然是一个穷人，只怕是没有办法拯救你了。"

穷人希望依靠上帝赠予的一百万英镑来拯救一贫如洗的自己，奈何上帝赠予的一百万英镑并没有帮他脱离最初的贫穷状态。其实，能够拯救穷人的并非上帝，而是穷人自己。如果穷人足够勤劳、足够上进，那么即便没有上帝的帮助，他也不至于落魄到一贫如洗的境地。

回到现实，相信很多女人都希望自己能够摆脱家境贫困的局面，嫁个好人家将自己拯救出来，能够在大房子里过上衣食无忧的幸福生活。

试问：婚后你可以按照自己的意愿去做自己喜欢的任何事情吗？事实未必如此。婚姻本是两个人的事情，而不是像想象的那样任何事情都能随心所欲地按照自己的意愿去发展。如果对方对你的爱已经不像从前一样浓，不像从前一样深，那么这样的婚姻还能维系多久？他还愿意为你随意消费的生活给予一如既往的经济支持吗？显然，答案是否定的。

在经济制裁下，无论你婚前幻想的生活多么让人憧憬，无论你拥有过多么让人艳羡的奢靡生活，冷酷的现实终将让你对美好生活的向往回归原始状态。你终究不得不面对现实，为自己接下来的生活寻找新的出路，开始全新的人生。

其实，夫妻两人之所以能够长期维持这种关系，是因为两人都能够同时进步。如果一方快速前进，而另一方止步不前，前进的人终究会甩掉那个原地踏步的人。人的本能都是希望能够更多地探求生命、生活的外延和内涵的，如果你不能快速进步，对方自然就会对你失去探求的兴趣，这样的婚姻终将以失败告终，而女人“靠王子拯救”的梦也终将破灭。所以，女人，一定要清晰地认识到：拯救你的并非“王子”，而是你自己。

一个女人，只有自主独立、不断进步，才能在生活中获得心理上的安宁，获得幸福无忧的人生。

高职毕业的台湾女名人何丽玲曾经在一次访谈节目中讲述了自己的故事。

何丽玲从小就明白一个道理：对于女人而言，美貌与理财是一生中非常重要的事情。在何丽玲八岁的时候，她的祖母就开始训练她的理财观念，交给她一本账簿，教她如何记账，在账本里有200多个互助会名单。从此，这个年仅小学二年级的小女生就开始跨出了理财的第一步。

何丽玲也说过一句让所有女人值得深思的话："女人能年轻多久？女人可以无忧无虑多久？将依赖他人养成一种习惯的女性，是时候需要思考一下，如果有一天发生了意外状况，我有没有能力自给自足？总有一天我们必须靠自己的双手过日子，只有自己才能保障自己的未来。因此，女人要有钱，并不是要追求享受，而是意味着生命的尊严。如果女人懂得理财，懂得独立，人生就是你自己的。女人无法在厨房中要求独立，学会理财才是追求独立自主的基础。"

何丽玲能够有这样独到的见地，显然她能够在职场和情场中获得成功与她自给自足、独立自主的生活追求是分不开的。

有的女人在年轻的时候，缺少独立自主性，寻找爱人是为了弥补自己生活中缺失的部分：有人是为了获得精神上的依靠，有人是为了寻求安全感，有人是希望得到照顾。但当女人真正成熟之后，经济上完全可以自给自足，内心也会有足够的力量去面对和抵御外界带来的不安和恐惧。女人也需要明白爱情对每个人来说并不是永恒的，只有用心去爱对方，才能获得对方的爱，并将自己的生活与对方分享。这样的女人已经不需要刻意追求精神依靠，乞求别人的照顾，获得经济支持，如今男人能给你的，你自己就能给自己。

所以，女人，一定要记住，无论任何时候都要让自己保持相对的独立，要活出自我的风采，不要将自己的全部寄托在“王子”身上。要知道，这个世界上没有任何东西是可以永远依靠的，最能让你依靠的人就是你自己。女人要想让自己活得幸福，只能靠自己，能够拯救你的人，只能是你自己。

不劳而获只是短暂的快乐

幸福对于每个人而言，不会凭空产生，也不会凭空消失。可以这样说，我们得到的幸福都要用自己的奋斗和努力来交换，我们经历了多少磨难往往就会拥有多少幸福，我们付出了多少努力往往就会收获多少幸福。

在这个世界上，唯一可以不劳而获的就是贫穷，唯一可以无中生有的就是梦想。没有谁，没有哪件事，不动手就可以实现。世界虽然是残酷的，但只要你肯脚踏实地地走下去，终将会踩出一条属于自己的路；如果你看不到美好的风景，就是因为你没有坚持走下去。对于绝大多数普通的我们来讲，这个世界上没有“不劳而获”“天上掉馅饼”的事情。所谓“种瓜得瓜，种豆得豆”，收获幸福要靠努力奋斗。

当然，或许有人很幸运，即便“不劳”也能够有所收获：别人可以替你开车，让你看到沿途美丽的风景，你能够收获的是风景带给你的短暂的惬意和快乐。但别人不能替你走路，不能替你一步步走上辉煌的人生顶峰，这样的辉煌只属于替代你的人，与你无关。

女人应该明白不劳而获只是短暂的快乐。所谓："天助自助者。"人生的路要靠自己去走，恒久的幸福要靠自己去争取。

这里有一个发人深思的小故事，旨在教育我们万事都要勤思考、勤行动，务必消除懒惰的思想，才能收获幸福。

有一位少年，他的父亲临终前再三叮嘱："儿啊，我留给你两件宝贝，有了它们，你就可以得到自己想要的幸福。"留下这句话后，父亲便撒手人寰了。这位少年冥思苦想，找遍了家中的每一个角落，连后院也翻了个遍，可最终什么都没找到。

有一天，一位老者看着他心事重重，便走到少年面前，问起了缘由。少年将事情原原本本地告诉了老者。老者听后什么也没说，只是哈哈大笑。少年对老者的反应感到困惑，看着少年不解的神情，老者便告诉了少年："宝贝就是你的头脑和双手。"少年此时茅塞顿开，明白了其中的道理。此后，这个少年用这两件"宝物"创造了许多财富，日子也过得一天比一天幸福。

虽然是一个简短的小故事，但其中的道理和寓意却是十分深刻和明显的：想要得到真正的幸福，就要付出劳动，只有靠自己的双手才能换来真正的幸福。如果你成天不求上进、不领悟、不工作，又何谈享受幸福美好的人生？对于女人而言，更是如此。不要因为自己是女人，就自以为天生可以通过弱势群体这个借口享受不劳而获的“午餐”。因为享受别人赠予的“午餐”，这种不劳而获的欢愉只是短暂的，终将有“粮绝”的一天，到时依旧等待坐享其成的你不得不忍受饥肠辘辘的难耐，又何谈恒久的幸福感？

要明白，如今是一个竞争激烈的年代。你不强大，反倒选择柔弱，自有其他女人站起来，成为冲在前沿阵地上的强者，用她们精明的头脑和勤快的四肢换来更多的价值和财富，从而拥有那些柔弱者所羡慕的幸福人生。

一分耕耘，一分收获。上天给予每个人的机会都是一样的，幸福或不幸，都取决于自己的行动。无论你是穷人还是富人，无论你是少年还是成人，都没有差别。你所面对的所有幸福和不幸福、快乐和不快乐都属于你自己，都是由你的实际行动所决定的。

著名主持人杨澜是当代公认的实力派女人。如何一步步获得当前的成就，对此杨澜给出了这样一句话：“我从不相信不劳而获”。的确，杨澜也从来不是一个不劳而获的人。

1996年3月18日，《纽约时报》的财经头版头条登载了这样一条消息：“At 27, a Talk Star Sets Out to Transform Chinese TV.（27岁的脱口秀主持人将改变中国电视。）”旁边几乎占据了1/4版面的就是杨澜的照片。

事实上，当时每周由杨澜主持的《正大综艺》是中国收视率最高的节目。但杨澜并未因此而停滞不前，而是在此时选择赴哥伦比亚大学深造。之后，杨澜深造回国，重新走上主持生涯，开辟了《杨澜访谈录》节目。在15年里，800多位采访对象，820场访谈，跨越了政界、商界、科技界、文化界、艺术界、体育界等各个领域，杨澜在这档访谈节目里，靠一场场问与答、一帧帧手稿记录着这个时代，叩问着这个世界。

在北京东三环阳光媒体集团的办公楼的第二层，在杨澜的办公室里，有一面墙的八开门组合壁柜，打开后映入眼帘的就是堆放得密密麻麻的、接近一人高的A4纸手稿。这些都是杨澜在做《杨澜访谈录》节目时查阅的资料和手记。然而，这一柜子的手稿仅仅是她一年使用的资料的量，一年一清，上年的资料入了库，才能放新的。她每次在镜头前的30~45分钟，10~15个问题，往往需要这柜子里一尺高的阅读去支撑。一年820次访谈，每个人不下10万字的资料查阅，15年下来，就是超过8000万字的阅读，相当于800本书。

杨澜用简短的一句话回应这一切：“我相信劳动。”杨澜的回答只使用了“劳动”两个朴实的字，而并非“梦想”“使命”这些大词。杨澜说她从来不相信不劳而获，持久的奋斗才能收获真正的快乐。

杨澜摈弃不劳而获的思想，用自己的实际行动和惊人的辛勤付出换来了如今的辉煌人生。杨澜作为新时代的女性，靠自己的勤劳和努力使自己成为女人中的强者：独立、自信、强大、美丽，脸上永远洋溢着快乐和幸福。杨澜也用自己的亲身经历告诉每一个女人：什么才叫恒久的幸福，如何才能获得恒久的幸福。

人生贵在一个“劳”字。女人，要通过自己辛勤的劳动做杨澜一样的女人，才不负美好的时光与青春，才能收获一生的快乐。

靠努力选择自己想要的生活

俗话说：“梦想有多大，舞台就有多大。”你有没有梦想？你的梦想有多大？你的梦想是否已成真？如果你的梦想还没有实现，那么你是否认真思考过原因？你是否为你的梦想而努力过？

很多女孩走出校园后，都希望自己能够选择未来的人生方向，并为之打拼，哪怕是头破血流。但是父母往往更希望你有一份稳定的工作，轻松离父母又近，能够经常受到父母的庇护，不用独自在外面吃苦、受磨难。等到姻缘来临时，找个年龄相仿、职业相近的人嫁了，这样的人生虽然没有大起大落，但也算是圆满。

我的父母也像大多数父母一样，为我安排了公立医院的护士工作，是体面的事业单位，也是让很多人羡慕的岗位。

但这并不是我想要的生活。

我在医院工作的时候经常想，如果自己整日在医院几十年如一日地面对着同样的病人，重复着同样的动作，听不到外边的声音，看不到外边的风景，青春留在这里，年华写在这里，自己所有的兴趣、爱好、才华、潜能也都埋没在这里。

经过几天的思考之后，我做出了人生中具有转折意义的决定——辞职，我更想到外面的世界去过与众不同的人生。

虽然父母、亲戚都投来不解和反对的目光，但我毅然背起小小的行囊，踏上了追梦的征程。

可以说，如果没有当时毅然决然的辞职，我就不会有如今的人生和自己所钟爱的这份壮丽的事业。

其实，很多女人之所以没有实现自己的梦想，没有从原来的糟糕境遇中走出来，是因为她们根本不知道自己想要什么，没有给自己树立一个目标，她们只希望自己能够获得辉煌人生，却不知道自己需要从什么方向迈出第一步，不知道如何一步步登上辉煌的人生巅峰。

很多时候，我们会发现，一个有清晰思路、有明确目标的人，往往比一个漫无目的、盲目前行的人更加有所作为。女人只有明白什么样的生活是自己想要的生活，才能够朝着这样的生活不断努力，并最终幸福地过上自己想要的生活。

在政界有一位伟大的女总理，她不但有着辉煌的人生经历，更是一位不安于现状的女人。

1961年，一个女婴出生在英国威尔士的一个小镇上，然而不久她就被诊断出患有严重的肺部感染，在医院的氧气罩下生活了几个星期。此时，她的父母认为女儿的身体状况无法适应英国寒冷的气候，于是带着她移民到了澳大利亚。当时，在澳大利亚安家落户只需要10英镑即可。

到了澳大利亚之后，父母都找到了工作，父亲在一家医院担任护士，而母亲则成为一家妇女收容站的厨师。在这样一个低收入的家庭里，按照常理，父母应当给予这个身体单薄且虚弱的女孩儿更多的呵护和宠爱，但事实恰恰相反。父母对这个女孩儿非常严厉，凡是交给她的事情，都必须做到完美，只要做不好，她就会受到父母的惩罚，并要按照父母的要求重新做，直到他们满意为止。

虽然有人对她父母如此严厉的做法有些不解，但不得不承认，父母的这种做法却塑造了这个女孩坚韧不屈的性格，她在遇到同样的困境时总是能够比同龄人表现出更多的自信和勇敢。在她16岁那年，按照国家政策，这样生活贫困的一家人可以领取政府发放的每月50澳元的补贴。但是她的母亲对这样的救济毅然拒绝了。她每天晚上带着全家干活：从尾毛加工厂带回来已经剪去大部分毛的羊皮，用铁梳将羊皮上的毛梳下来，然后靠卖羊毛增加家庭收入。这样的工作其实是一件苦差事，被梳子尖利的铁齿扎破手是常有的事，且一个月下来最多能拿到50澳元的收入。所以她经常向母亲抱怨："为什么为了这50澳元每天晚上这么辛苦，却不去政府那里领取现成的50澳元补贴金？"

她的母亲告诉她："那不是补贴，是救济。虽然我们穷，但绝不能依靠救济过日子，生活不能全部寄托在救济上，而要靠自己的努力去获得。”父母的实际行动感动了她，此刻她明白了父母一直以来对她严苛以待的良苦用心，并立志一定要出人头地，过上更好的生活。

在大学期间，她竞选为学生会主席，并向那些知名的学长发起挑战，也因此迅速成为校园中的风云人物。在她22岁的时候，就被任命为澳大利亚学生联盟主席，从此她便走上了仕途之路。她曾竞选为澳大利亚联邦议会议员，并创造了“多项历史”——澳大利亚首名女性副总理、澳大利亚历史上行政职位最高的女性以及首位出生在国外的副总理。

2010年，她被选为澳大利亚总理，是澳大利亚第一位女总理。她就是朱莉娅·吉拉德，从此澳大利亚的历史由她来书写。虽然在她的仕途生涯中也经历了失败，但她屡败屡战，从未放弃对自己想要的生活的追求和努力，正因如此她才有了精彩、传奇的人生。

朱莉娅·吉拉德从小就知道自己想要什么样的生活，并为实现这样的生活而不断努力，所以才有了后来辉煌的人生。其实，我们每个人的人生舞台都像朱莉娅·吉拉德所拥有的一样，这个舞台的大幕随时都可能拉开，关键看我们是愿意表演还是躲避。如果朱莉娅·吉拉德选择躲避，选择接受政府的补贴，虽然她的生活在一定程度上能获得些许改善，但可能她就不会练就面对和接受各种挑战的自信和果敢，更不会有登上政坛王座的机会。

所以，一个人努力的最大好处，就在于可以选择自己想要的生活，而不是被迫随遇而安。女人，更应该明白这个道理。

在这个世界上，并非所有的不如意都会降临在你的身上，也并不是所有的不如意会一直笼罩在你的头顶。不论今天的生活多么困窘，都要坚信：只有回不去的过往，没有到不了的明天。

作为一个女人，你必须努力奋斗、努力付出，还要学会坚持，如果你在追求自己想要的生活的过程中觉得很难选择而就此放弃，不妨回过头来看，你在迈向幸福生活的路上已经迈出了99步，只剩下一步就能圆满，此时放弃，与你回到原点又有何区别？你与幸福生活终将无缘。

所以，女人，你接下来的生活是什么样子，选择权在你手中。你想要的生活，要靠你自己的不懈努力去获取、去赢得。

（注：本节中的“我”系作者之一——韩银平）

不要在最能吃苦的年纪选择安逸

有人说现在的“90后”“00后”成熟得比较晚。的确，不少“90后”“00后”都是独生子女，尤其对于女孩，现在提倡“女孩富养，男孩穷养”，在这种观念下，父母成了女孩们的避风港，从不让女孩受到丝毫的伤害，女孩仿佛生活在一个透明的玻璃层，透过玻璃，能够看到外面的阴晴圆缺、风雨雷电，却很少能亲身体会到这世间的人情冷暖、人生坎坷。

等到长大后，步入社会、工作、婚姻的殿堂，很多女孩才逐渐走出了那片呵护自己的屏障，开始感受人世间的挫折磨难。面对眼前人流如梭的景象，不谙世事的女孩看不清未来，找不到方向，面对这样艰难的人生，她们依然留恋玻璃屋的呵护，心里还是想着如何才能逃离这样纷纷扰扰的世界。

但现实是残酷的，对于每个人来讲都是公平的，不会因为你是一个刚刚涉世的女孩就对你仁慈、庇护，你所经历的，也是大多数女孩同样要经历的。面对这些逃无可逃、避无可避的经历，如果你咬紧牙挺过去，那么你就会在这场苦难的浩劫中得到成长，成为一个具有坚毅性格、成熟与智慧并存的女人。并且你将收获宝贵的人生经验，这会为你接下来要走的路带来足够的信心和勇气。如果你选择回到父母身边求助，路途上的一切坎坷都要父母帮你砍掉、铺平，选择这样安逸地度过自己的人生是一件再简单不过的事情，却会让你丧失年轻人应有的强大斗志。

其实，所有人都生活在一个无形的圈子里。在这个圈子里，我们“游弋”在熟悉的环境中，与自己相熟的人相处，只做自己会做的事情。长时间身处这样的圈子里，我们会感觉轻松、舒适和自在，这就是人们常说的“舒适圈”。然而，如果我们一直将自己置身于这样的舒适圈，过着安逸的生活，那么我们失去的又何止是一颗充满斗志的心？

心理学家将人类对外部世界的认识形象地比喻为海水，分为三个区域：岸边、浅水区、深水区。岸边就是人们常说的“心理舒适区”。或许沉溺在“心理舒适区”的人也不安于现状，希望自己的人生和生活能够变得更加美满些，但却不敢跨出这个“舒适区”，他们担心如果在追求更加美满人生和生活的过程中一波三折，反而连现在的境遇都不如，那将是一件得不偿失的事情。也许他们也渴望童话里幸福甜蜜的爱情，却宁愿宅在家也不愿意离开温暖舒适的床，出去邂逅命中注定的佳人。

爱默生说：“坐在舒适软垫上的人容易睡去。”这句话说得很好。生活中，人们面临的最大危险，就是依赖“拐杖”来保护自己，就是宁可“死于安逸”，也不愿“生于吃苦”。没有什么“拐杖”是永远能够给我们带来安逸的，要想让自己过上永久的幸福生活，必须自己去奋斗、去拼搏。

我和另外两个合伙人（韩银平、赵艳伶）在创立DS品牌时，都有家庭，都有年幼的小朋友，我们本可以选择相夫教子的舒适生活，但却将更多的精力、财力、体力投入了事业当中。

我们每年有一半的时间都在外地组织活动、寻求合作、参观学习。在这个过程中，一些经历让身为女人的我们承受了生命中不能承受之重。

有一天夜晚，我和赵艳伶一同驱车从天津返回唐山。途中堵车一个多小时，仍没有拥堵缓解的趋势。当时艳伶着急回家给幼小的孩子喂奶，于是我们决定绕行。

在听了一位路人的指引后，我们开到了一条没有路灯的土路上。路越走越窄，越走越颠簸，走了大约两三公里便没有路了。我们下车一看，差点吓哭。原来，那个指路的人把我们引到了一片乡间的坟地。

我们赶紧缩回车里，立即掉头，一路猛开，回到了公路上。

深更半夜，别说是两个女人，就算是七尺男儿遇到这样的情形也会毛骨悚然。

此事虽已过去，但每当回忆起来，难免还会后怕。创业初期，我们三人不仅白天赶路，半夜赶路的情况也非常普遍，雨雪、大雾天气赶路的情况也时有发生。有一次，我们外出拓展销路，为了赶时间回去开会，我们选择跟着导航走小路。没想到在返回的途中突然遭遇了一场大暴雨，地上湿滑，汽车恰巧陷入泥泞当中，无法前行。在这样的乡间小道上，求人救援是无望了。所以，我们三人只能一人打方向盘，两人在后面推车，汽车后轮飞溅起的泥巴扑了满身，甚至溅到了嘴巴里，我们并没有丝毫退缩。我们三个小女子咬紧牙，使出了浑身的力气才将汽车从泥泞中推了出来。虽然三个人被这场大雨折磨了两个小时而变得异常狼狈，但我们依旧没有丝毫怨言。大家相视对方的狼狈模样，没有泪水，却只有笑容。创业的路上布满荆棘，既然选择了，就要有胆量、有野心，就要有破釜沉舟的决心，就要一往无前。

正是因为在最能吃苦的年纪，选择了努力和付出，DS品牌逐渐成长为国内的知名美体内衣品牌，成为我们三个创始人和众多姐妹的一份了不起的事业。

每个人都需要走出舒适圈、离开舒适区，让自己不断远行，尤其对于女人来讲，更需要在年轻的时候、在最能吃苦的时候多加历练，做外表看似柔弱，但内心坚强、刚毅的人。

一个出生在美国纽约富有家庭的小女孩，父母见她长得丑，都不愿意理他。小女孩因为相貌的原因感觉很自卑，她从小很少得到父母的关爱，这一切使她的性格越来越内向，见人就怕。

在她16岁那年，她的父亲在一次破产拍卖会上，买下了一家报社。在她大学毕业之后，她在父亲的安排下顺利地进入了父亲的报社，担任读者来信版主编。在这里，她有幸遇到了一位年轻的律师，两人心生爱慕，两年后两人结婚了。婚后，她依旧羞怯，常常躲在丈夫后面。宴会上，她总是被主人安排到不显眼的位置，甚至连自己的家人对她也视而不见。

没过几年时间，父亲将掌管报社的大权交给了她的丈夫。而她也从此回归家庭，做起了阔太太，整日过着衣食无忧的生活。后来因为报社经营不善，她的丈夫患上了严重的抑郁症，不久便自杀身亡。此时的她还很年轻就失去了丈夫，这样的噩耗让她感觉天都要塌下来了。

所有人都不看好这个柔弱、胆怯的女人，几乎所有人都预言报社必将被出售。而她原本可以凭借殷实的家庭安逸地过完后半生，却出乎所有人的意料，果断地接过了掌管报社的权杖。

她上任后的第一件事就是对报社进行“大换血”。她要彻底改变报社原有的经营方式，改掉传统的老旧风格，想方设法吸引新潮、自由的新闻元素。为此，她不惜重金，从各处搜罗新闻界精英，给他们绝对自由的空间去发挥。而那些保守派对于她的这种做法自然是反对的，但是经过周旋之后，这些保守派们纷纷离去，整个报社的政治立场也彻底发生了变化，越来越倾向于自由派立场。

1972年6月，震惊世界的“水门事件”发生后，迫于政治压力，没有媒体敢对此事进行深入的调查和报道，而她却毫不畏惧地为了自由与正义孤军奋战在新闻前线。最后，她的勇敢和正直唤醒了美国各大新闻媒体。也正是因此，她的报社获得了普利策奖，确立了其在美国大报社的地位。

她就是著名的《华盛顿邮报》的主人凯瑟琳·格雷厄姆，她也因此成为美国新闻史上的传奇人物。

凯瑟琳·格雷厄姆在丧夫之后完全可以不必为生计而奔波，完全可以安逸、舒适地继续过着富有的生活，但她却选择了扛起丈夫和家族的事业，并开创了全新的新闻媒体局面。在别人眼里，她的这些做法是“折腾”，但事实证明，看似柔弱的女人，同样可以拥有无限的潜力，只要不在最能吃苦的年纪选择安逸，终将挖掘出自己的潜能，成就伟大的自己。成功的人能得到让人望尘莫及的荣耀，只因为他是一个懂得吃苦的人，能够承担得起那种厚重的魅力。

回头看看那些从农村走到外面的世界打拼的人们，他们能够在社会上站稳脚跟，并拥有属于自己的一番事业，是因为他们在最初选择从农村迈向城市的第一步开始，就完全做好了吃苦的准备，完全承受了打拼中的各种苦难。如果当初他们选择了留在农村做稳定的工作，如果当初来到大城市被陌生环境所吓倒，因为找工作几次碰壁就打退堂鼓，如果遭受了人生中的第一次磨难就失去了重新奋斗的勇气，如果后来因事业不顺而受到打击就此自暴自弃……那么，也必将没有后来的成功。

这一切都说明，稳定、不折腾并不是能够获得美好人生的法宝，这样不好不坏的生活方式，永远不会让你的人生拥有达到辉煌巅峰的机会。唯有准备好吃苦，敢于吃苦、敢于折腾的人，才有机会在奋斗的路上拥有幸福的人生。

所以，女人，请不要在最能吃苦的时候选择安逸，没有哪个人的青春是在红毯上走过的。既然梦想自己成为那个更好的自我，就应当选择一条属于自己的道路，为了达到终点，付出别人无法企及的努力。

（注：本节中的“我”系作者之一——赵晴）

第三章

可以选择平凡，但从不选择平庸

——一颗进取的心永不磨灭

生活中，经常有很多女人对自己的现状十分不满，她们喋喋不休地抱怨自己出生在平凡的家庭，工作不受领导赏识，颜值平平，嫁得不理想……她们总是认为自己是埋在沙土中的珍珠，永远不会有发光之日；她们总是感叹自己是没有被伯乐发掘的千里马，英雄没有用武之地。面对种种劣势，她们得过且过地生活着，对工作吃饱混天黑，迷失了自己前进的方向，最初那颗进取的心就此磨灭。在随波逐流之际，她们将自己推向了平庸的边缘，从此她们的人生便在平庸、消沉中度过。

人生来平凡，但不能因为平凡就选择平庸。因为在平凡的泥土中也可以培养出鲜活的生命，孕育出壮丽的人生，这关键在于自己的选择。

掌控自己的时间

对于女人而言，时间是更加宝贵的财富，因为“韶华易逝，容颜易老”，女人更应当学会有效掌控自己的时间。

如果你仔细看就不难发现，但凡那些自信、智慧、光彩照人的女人，她们的美更多的来源于能够掌控自己的时间，能够战胜时间，让人生中的每一分每一秒都体现出应有的价值。一个明智的女人，只会让自己掌控时间，而不是让时间推着你走。

美国时间管理之父阿兰·拉金在《如何掌控自己的时间和生活》这本著作中对“掌控”进行了非常形象的描述：“你先将双手握成拳头，尽量用力，你可能会感觉到痛，当你双手紧绷时，你很难完成任何工作。接着，你将双手放到身体两侧，全身肌肉尽量放松，此时你没有压力，但你依然无法用双手去进行有意义的工作。最后，你将双手慢慢举起，活动十指，注意体会肌肉运动的节奏感和控制感，此时你才可以用手去做有用的事情，这种感觉就是掌控。”

可见，无论是过于紧绷还是过于放松的状态，你都无法掌控一切。对时间的掌控亦是如此。我们经常抱怨自己没有时间，总是很忙，总感觉自己被束缚，但实际上并没有任何绳索真正拴着我们，根本在于我们从来都没有好好掌控自己的时间，没有合理安排自己的时间。

很多时候，我们本想周末约几个许久未见的好友聚一聚，但每到周末却总是有那么多琐事忙不过来；本想和爱人去看一场电影，重温恋爱的甜蜜感，但总是难以抽出时间；总想去图书馆翻翻书，让自己徜徉在知识的海洋，却被小事缠住分不开身。

其实，细想后发现，这个世界上根本没有“没时间”这回事。鲁迅说过：“时间就像海绵里的水，只要愿意挤，总还是有的。”确实，并不是我们没有足够的时间，关键在于我们不会掌控自己的时间。如果我们总是用“时间太紧”“时间不够”这样的借口作为理由为自己不能完成的事情找个由头，那就说明自己是一个不会管理时间和有效利用时间的人。

时间对任何人来讲，既是成功的法宝也是失败的魔鬼。每个人期待的都是下一刻的美好，却不知道时间永远不会停留，在你等待下一刻美好的时候，也意味着这一刻的时间已经成为过去，一旦过去你就不再拥有。所以认识时间、掌控时间、挖掘时间的魅力，你会发现你的人生已经开始发生了变化。

有一只飞虫，整天无所事事，浑浑噩噩地度过自己的时光。别人劝它：“好好珍惜和利用你的时间吧，否则等你失去的时候，就会后悔莫及。”然而飞虫觉得很奇怪，它连什么是时间都不知道，又如何知道珍惜时间，更何谈利用自己的时间？于是它问：“什么是时间啊？”别人不知道该如何给它解释，就告诉它说：“你看见那个钟表了吗？那里面走动的就是时间。”

飞虫带着好奇和疑问飞向了钟表，想看个究竟。它来到钟表前，上下寻觅、打量了一番，终于发现一个窟窿，于是就顺着这个窟窿飞了进去。飞虫在钟表里飞来飞去，只听到了“嘀嗒嘀嗒”的声音，看到几根指针在走动。飞虫就想：“难道这就是它们说的时间吗？我浪费了又能怎样？它本来就不属于我。”

飞虫正准备飞离钟表时，却发现原来的那个窟窿已经被人用一块塑料板给堵上了。飞虫大声叫喊，四处乱窜，却没有人注意到它。最后，它精疲力尽，再加上饥饿，最终死在了钟表里。在临死前，飞虫才恍然大悟，感慨道：“我终于知道什么是时间了，原来就是我的生命啊！”

飞虫在生命的最后时刻才认识到时间是生命的真谛，但可惜的是它并没有掌控好自己的时间，没有掌握好自己的生命。毫无疑问，时间是最宝贵的，就像我们身体的一部分，因为时间是组成生命的材料之一。很多人不在乎时间的浪费，殊不知拥有时间才是最大的奢侈。为了幸福，我们一定要珍惜生命里的每一分钟。

这里总结几点掌控时间的方法，分享给大家：

做时间的主人

很多女人每周都要逛商场，每天都要刷几遍朋友圈，在做这些事情的时候，我们一边会花费大把时间去做，一边又在自责自己将时间浪费在这些无聊的事物之上，但自责之后却依然还要重复去做。为什么我们会不停地去做那些并没有多大价值，甚至很无聊的事情呢？为什么不用这些时间去做其他更有意义和价值的事情呢？

其实这是一个非常有意思的状况，假如你没有办法做自己时间的主人，那就意味着你没有成为生命的主人；假如你一辈子都在说，是因为自己没时间所以才有很多想做的事情最终都没有做，那就等于你的人生是在虚度中走过的。

学会规划时间

如果你一直想去跑步、学英语、弹吉他，以提升自己的素养，却迟迟没有实施，而给自己的理由是——我没时间。

但假如这时有人给你一百万，只要你接下来每个月每天早上坚持跑步两小时，相信很多人无论自己多么没时间都能做到。所以，我们与其说自己没时间，不如说这件事在你的价值认同排序当中比较靠后。在这之前，你还可以有很多优先的选择，比如追剧、照顾孩子、辅导作业、参加公司业务应酬等。

当你真的将接下来所有要做的事情认真梳理一遍之后，你就会发现一个残酷的现实：你之前排在运动之前的优先选项，那些你已经做了或者正在做的事情，看起来并没有多大的价值。说到底，还是因为自己没有学会如何规划时间。

人生是短暂的，时间是越用越少的。如何能用有限的时间换来更大的价值，这是我们需要思考的问题。那些善于规划自己人生、善于规划时间的人，往往会追求一种井然有序的忙碌感。他们总是在不停地列出任务清单，并时刻更新清单，将重要的事与非重要的事、紧急的事与非紧急的事、有价值的事和无价值的事进行很好的协调与部署，能够很好地区分利弊、平衡利害。这样的人才能真正达到管理和规划时间的目的。

不拖延，注重时效性

当人们过于沉浸在眼前工作中时，他们很容易忘记自己真正的目标。这时候他们就会把大量时间花在那些并不重要的事情上，反而会把那些真正重要的事情抛到一边。这种行为具有一定的累积性。在工作中投入的时间越长、越多，他们就越会感到疲惫，而工作效率也会更低。解决这个问题的办法就在于：不要在工作上面一味地追求投入更多时间，要注重效率，尽量养成在固定时间内或提前把工作完成的习惯。

如水一般易逝的时间掌握在我们每个人的手中，不是看如何度过它，而是要看怎样把握它。要想掌控好自己的时间，掌控好自己的人生，就要今日事今日毕，马上行动，拒绝拖延，注重效率。无论有多么奇妙的构想、多么伟大的格局、多么完善的计划和方案，没有行动，一切都是空谈，没有时效性更是很难先人一步。

人的一生中，工作往往占去很大一部分时间，然而，如果你能够很好地掌控自己的时间，将工作、生活、家庭的时间进行很好的分配，那么你的看似平凡的人生就会比别人显得更加自由、轻松和幸福，因为你的生命中除了工作，还增加了一些更加重要的东西——爱情、亲情、友情等，这些东西都是你一生中必不可少的，是你的生命拥有快乐的基础，也是你的人生能够收获幸福的支撑。

所以，掌控自己的时间，掌控自己的人生，才能让你平凡的人生增添更加丰富的色彩。

不是你不够好，而是你的努力还不够

我们不得不承认，一个拥有好的出身的人在很大程度上，在其未来的路上会走得更加轻松，但你如果只希望凭借好的出身来取胜，终究难成大器。然而，最可怕的就是那些比你优秀却比你还努力的人。所以，同样的事情，并不是你做得不够好，而是你的努力还不够。

有一个《燕子和麻雀》的故事，故事虽小却蕴含着大道理。

燕子和麻雀是邻居。燕子总是把窝搭在屋檐下，而麻雀却把窝搭在燕子的旁边。虽然都在屋檐下，相距不算远，但燕子总是选择雨水难以淋到的地方，而麻雀却将窝搭在了排水管旁边。

燕子每年孵育小燕子，教他们飞翔、唱歌。而麻雀的境遇却大不相同，虽然她每年也生了不少蛋，但每年都没有把小麻雀孵育长大，不是被淘气的孩子掏走了麻雀蛋，就是小麻雀被猫吃掉了。

每当麻雀看到燕子幸福的一家时，总是羡慕不已。“你真幸福！你每年都能孵出小燕子，而我却每年都保不住自己的孩子，我不是一个称职的妈妈。”燕子回答：“其实并不是你不是一个好妈妈，也并不是你不爱你的孩子，你也在保护你的孩子，但因为你在建窝的时候没有像我一样努力，所以才有这样的结果。”麻雀说：“那你教我搭窝吧。你一定知道什么诀窍。”燕子说：“那你跟我一起走吧，我教你。”燕子带着麻雀飞到了一个湖边，用嘴巴衔了一点泥，示范给麻雀看。麻雀照着燕子的做法，并且像燕子一样选择了新的建窝点，最终一点一点地将新窝搭建好。后来，麻雀孵出的小麻雀再也没有被孩子们掏走过，麻雀也和燕子一样拥有了“幸福之家”。

麻雀之前总是不能保护好自己的孩子，后来能够在燕子的指点下重新拥有“幸福之家”，这样的转变，充分说明麻雀之前不能保护好自己的孩子并不是因为自己对孩子不够好，而是它在各方面做的努力还不够，尤其是之前建的窝并不能给小麻雀带来最佳保护。这就好比一些人，自认为付出了很多努力，却没有获得任何成效，并为此而懊恼不已。不知你是否想过，其实并不是你不够好，而是你的努力并不能让你从量的提升达到质的飞跃。

现实生活中的很多人和事证明：一个人，能否让自己的人生精彩纷呈、荣耀至极，其实无关乎出生，无关乎贫富，无关乎所有，而是与你的努力程度有关。你是否真的足够努力，永远决定着你未来的路能走多远。

这里我们介绍一个名叫莉丝·默里的女主人翁，她的故事非常令人震撼，以至于后来被拍成电影并获得大奖。

莉丝·默里很小的时候，父母不幸双双染上了艾滋病毒。在15岁之前，默里根本不会思考未来会是什么样的，对未来并没有太多的追求。在她看来，长大后能有一份工作，能养活自己就不错了。然而，15岁的时候母亲死于艾滋病，父亲被一家收容所收留，这一切似乎把默里带到了噩梦般的生活中。这使她清醒地认识到，不管怎样，人都不能向命运低头，地球在不停地转动，生活仍然在继续，并不会因为谁的失落和沮丧而有所改变，一味地伤心难过只会让自己前方的路更加沉重而艰难。于是，她决定坚强、努力地开始自己的新生活，因为她觉得必须寻求自己的人生之路才能改变现状。因此，默里发誓，要改变自己的命运，做一个对社会有用的人。默里想到，能够改变自己命运的道路只有一条，那就是回到学校，接受教育。

在17岁那年，默里终于回到高中读书。在学校里，每个人都知道她是一个无家可归的孩子。她为了避开别人的嘲讽和歧视，选择上早上的课、晚上的课，选择独立研究的课程，她每天要坐一个小时的地铁到学校，上完课之后还要去打工养活自己。默里尽一切努力去学习，这是她对自己的承诺。

很快，在自己的努力下，默里成为学校成绩最优秀的学生之一。能够取得如此好的学习成绩，是因为默里时常会感觉到生活给自己带来的残酷，有时候她也会想到退缩，但一想起自己的承诺，一想起自己要改变命运的初衷，她就不会放弃，而是选择继续前行。

在高中生涯中，默里虽然总是处于缺衣少食的状态，但她从来没有间断过学习，总是按部就班地执行着她的学习计划。后来，她加入了一个两年毕业的加速班。每天晚上她都是露宿街头，只能在马路边的楼梯角落借着路灯看书、做作业，但她却在读书中找到了人生的方向。她是那么爱读书，那么坚定不移地履行着自己的承诺，结果在两年的时间里，默里果然完成了四年的高中课程，并且每门学科的成绩都在A以上。她以全校第一的成绩和顽强克服困难的经历获得了《纽约时报》提供的12000美元的奖学金。而当她的故事被登上报刊之后，她因为自己努力所换来的优异成绩让那些曾经对她冷嘲热讽的人也十分感动，民众自发为默里捐款，共筹得了20万美元，以资助默里上大学。

小时候，默里就对哈佛大学十分感兴趣，因此在高考填报志愿的时候，默里毅然选择了哈佛大学。后来，默里的梦想果然成真了，她被哈佛大学录取。

默里的故事告诉我们，任何人，如果没有坚持不懈的努力，永远不能看到自己最优秀的一面。如果你想证明自己，就要用自己的努力改变当下的现状。没有一个人注定要悲惨地生活，也没有谁能够永远成为别人眼中的笑柄，其实并不是你不够好，只是你还没有找到努力的方向，甚至你的努力还远远不够。

泰戈尔说过："你的负担将变成礼物，你受的苦将照亮你的路。"一个人如果没有持续努力的积累，就不会达到想要的结果。生活中，太多浮躁的人，稍微付出一点努力，就想要得到美好的结果，但其最终并不能如愿。马云说过："今天很残酷，明天很残酷，后天很美好，但很多人死在了明天晚上。"的确，未成功的人在美好来临之前选择放弃，注定努力白费。

所以，女人，一定要记住：你在平凡中奋起的时候，如果没有得到你想要的，并不是因为你不够好，而是你的努力还不够。

| 有野心的女人才有进取心 |

在人生这条漫漫长路上，我们可以选择平凡，但是不可以选择平庸。野心是能够驱使我们不断前行的动力。时刻保持野心的人，可以让自己不再平庸，让自己朝着色彩缤纷的人生攀登。

但是，长久以来，在人们的传统意识当中，往往会认为“野心”两个字是男人的标配，有野心的男人往往给人一种安全感、责任感，对事业有进取心；但如果说一个女人充满了野心，就会被贴上强势、蛮横、缺乏女人味的标签，甚至有人将具有野心的女人看作是内心狠毒、杀伐决断的“女魔头”。然而事实上呢？那些有野心的女人，都不安于现状，她们希望自己能够获得更加幸福美满的人生，而不是浑浑噩噩地虚度此生。

有些人将“野心”这个词看作是一个贬义词，是“坏心眼”的代名词，实则不然。

有这样一个故事：

法国有一位大富翁，在他年轻的时候，以推销装饰肖像画起家，在不到十年的时间里，他就跻身为法国50大富翁之列。然而天妒英才，他不幸患上了前列腺癌去世。在弥留之际，他写了一道遗嘱：我曾经是一位穷人，在以一个富人的身份跨入天堂的门槛之前，我计划将我的4.6亿法郎捐给一家医院用于前列腺癌的研究，而另外的100万法郎则作为那些能够揭开穷人之谜的人的鼓励金。我把我成为富人的秘诀留下，谁能猜出“穷人最缺少的是什么”，他将能得到我留在银行私人保险箱内的这100万法郎。

遗嘱刊出之后，先后收到了来自48561个人寄来的答案。答案五花八门，绝大多数人认为穷人之所以穷，是因为缺少金钱；还有一部分人认为穷人最缺少的是机会；一小部分人认为穷人缺少的是技能；剩下的人说穷人缺少的是帮助和关爱，是名牌衣服、总统的职位等。

在这位富翁去世周年纪念日的时候，他的律师和代理人在公证部门的监督下，打开了银行内富翁的私人保险箱，公开了他致富的秘诀：穷人最缺少的，是成为富人的野心！在所有的答案中，只有一位9岁的女孩猜对了答案。

的确，野心是一个人不断努力的动力，也是取得成功的关键。而这位富翁设立这个奖项的目的就是让人们知道，一个人具有强烈的企图心，才能有前进和拼搏的动力。拿破仑说过："不想当将军的士兵不是好士兵。"这句话就充满了奋发向上的野心和企图心，是成就个人走向辉煌的一剂良药。

经常听到有的女人在问这样一个问题："我又敏感，又自卑，怎么治？"其实答案很简单：去豢养你的野心，并用你不懈的努力和奋斗去实现它。当一个女人有了野心的时候，她就不会将别人的闲言碎语和重重困难放在眼里。于她而言，唯有心中的目标才是最重要的，其他的一切都是菜里的佐料、路上的风景。

张爱玲就是一个充满野心的女人。起初，她背起装满小说的书包，去敲开一家家杂志社的大门。此时你所看到的不是那个瘦高的女人，而是一颗"我要让自己的文字被世界看到"的野心。

当她的《传奇》再版的时候，她写出了能让更多女人警醒的话语："出名要趁早，来得太晚的话，快乐也不那么痛快。"我们无须去争论这句话的对与错，我们需要看到张爱玲说这句话时的可贵之处：这是一个执着自信、不畏人言、才华横溢、野心勃勃的女人。张爱玲一生特立独行，她用自己的野心与傲骨成就了她在文坛上的地位。

其实，不仅仅是张爱玲，但凡那些成功的女人，哪个不是野心家？很多人之所以喜欢张爱玲，就是因为她们更希望自己能和张爱玲一样成为一个具有野心的女人。

我成为美容院出类拔萃的技师时，在别人眼里正是我在美容院最有前途的时刻。然而我却觉得，如果一直在美容院干下去，终究也是在这个小圈子里徘徊。从美容院每天的客户数量和销售额，就不难发现当下女性消费市场巨大，如果能够在这个行业开辟出一条新路，那么自己的人生前景必将不可估量。

于是，在接下来的日子里，我在为客户做美容的时候，会通过与客户聊天的内容搜集各种与女性消费有关的信息。我发现越来越多的女性开始注重保养和养生，她们都希望自己有姣好的容颜，有婀娜多姿的身材，有健康的身体状况。另外，在做好美容院工作之余，我会将自由支配的时间用来在网上对女性话题进行问卷调查，包括美貌、身材、健康等各方面的问题。经过总结后，我发现，其实相比于美貌如花的容颜、婀娜多姿的身材，她们更希望自己拥有健康的身体，因为健康是生命的基础和资本，没有健康，又何谈容颜和身材的保养？在经过半个月的调查之后，我开始思考：如果既能让女人拥有健康，又能让其通过美貌和身姿获得生活的自信，这将是一个很好的发展领域。

有一天，在和同事逛内衣店的时候，我灵光乍现：眼前不就是一个很好的方向吗？如果有一款既能给女性带来健康，又能让其身姿卓美的内衣，一定非常受女性热捧。

就在我内心对女性健康内衣产品非常认同的那段时间，恰好我的另外两位合伙人赵晴和赵艳伶也看中健康调整型内衣产品在未来的市场价值，并且她们还有不错的行业经验。赵晴和赵艳伶虽然已经凭借自己的努力，拥有别人羡慕且非常有前途的职位和薪水，但她们并不满足于此。偶然的一个机会，令赵晴和赵艳伶萌生了创业的想法。恰巧，赵晴、赵艳伶和我在打造品牌内衣的这个想法上出乎意料的一致。或许是因为我们三个女人共同拥有的那份野心激励了彼此的进取心，再加上大家都是女人，本身对女性健康问题就比较关注，所以我们三个志同道合的女人才能够达到创业想法惊人一致的结果。于是，我们三人“歃血为盟”，并约好一起创业，决心闯出真正属于自己的一片天地。

也正是因为我们三个人当时的野心，才成就了如今的事业。实际上，在职场中，“野心”对于一个女人来讲，就是其走向幸福、富裕之路的前提，是有进取心的标志。

野心可以让一个女人有更多的见识，让她尝到努力的滋味，尝到成功带来的甜头。她开始放下曾经的荣耀、放下别人对她的不解和指指点点，却更加明白：如果想得到更好的，就需要努力去争取。正是因为野心，让一个女人有了积极向上的进取心。

Facebook的首席运营官雪莉·桑格伯格在她所写的《向前一步》中这样写道：“女性在职场中容易出现‘皇后综合征’，即认为只要自己表现良好，就一定会皇冠加冕。而事实上如果你不表现出野心，这顶皇冠可能永远不会戴在你的头上。”雪莉·桑格伯格的这句话正是道出了野心对于女人的重要性。当你的野心足够大的时候，你就能够用你的实力征服一切，即便最后没有达到预期，至少你不会为你这一生从未做过什么而后悔。

愿所有的女人，都能亮出这把名叫“野心”的剑，用它为你开辟出一片大好的锦绣前程。

（注：本节中的“我”系作者之一——韩银平）

| 你若量力而为，谁愿意为你的梦想全力以赴 |

电影《当幸福来敲门》中的主人公有一句经典的台词：“如果你有梦想的话，就要去捍卫它。”每当想起这句话来，都会令人感到格外亲切。

每个人都有梦想，无论大小。小时候的我们认为“梦想”这个词有着特别的崇高感，我们对这个词肃然起敬。每每提及这个词的时候，脑海中充斥着各种美好的憧憬。然而，似水流年，当我们不再是当初天真烂漫的小孩，再次提及“梦想”的时候，或许有的人只用“呵呵”两个字轻描淡写地带过。或许有人会用一句“梦想是要有的，万一实现了呢？”来化解自己小时候与现在心境对比的尴尬。这句话听似带有调侃意味，认为梦想实现起来十分困难，甚至根本不可能成为现实，就此给梦想贴上了“难以企及”的标签。

难道梦想对于每个人来讲真的遥不可及吗？梦想无论大小都是自己的，无论我们年轻与否，都是值得为之去努力的，即便拼尽全部力气，穷尽一生也在所不惜。但如果你对于最初的梦想量力而为，那么谁又愿意为你的梦想全力以赴呢？

相信很多人已经不记得自己儿时的梦想。但有一个女孩却一直坚持着自己儿时的世界冠军梦，并用自己的一生为了这个梦想的实现全力以赴。

有一个小女孩，为了让自己能够成为世界冠军，每天早晨都坚持跑步，空余时间除了帮助父母做家务就是参与各项体育运动。长大一些的时候，她不得不忙于自己的学业；再长大一些的时候，她完成了女人一生中的一件重要的事情——结婚；后来她又生了孩子。孩子长大后，婆婆又瘫痪了，她不得不花很多精力和时间来照顾婆婆。接下来，她又要照顾孙子……就这样，转眼间，她已经六十多岁了。

她以为这时候总算没有什么让她分心的事情了，于是为了童年时候的梦想，她又开始每天锻炼身体。她的丈夫总是笑她，说："从没见过一个六十多岁的老太太还能当冠军。"后来他被她的执着所感动，开始全力支持她，并陪她一起锻炼。三年后，她报名参加了一项老年组长跑比赛。眼看自己五十多年的冠军梦就要实现，可是天意弄人，在快到终点的时候，她不小心摔了一跤，手臂和脚踝都受了伤。就这样，在惋惜中与冠军失之交臂。

医生告诉她，即便伤好了她也不可以参加长跑比赛了。这让她感觉更加沮丧，多年来不懈的坚持和努力就这样白费了。难道自己就这样永远不能实现冠军梦了吗？丈夫鼓励她说："没关系，做不了长跑冠军，可以做其他项目的冠军啊！"于是她开始练习铅球的投递。

然而，随着年龄的增长，允许老年人参加的体育项目越来越少。就这样一等就是七年，她才有一次参加铅球比赛的机会。但在出国参加比赛前夕，她的丈夫突然病倒。这令她非常痛苦，为了照顾丈夫，她选择了放弃比赛。

在多年之后，她终于等来了在加拿大举办的世界大师锦标赛，这场赛事中不仅有铅球比赛，还对参赛选手的年纪没有限制。但她的家人认为远去加拿大参加比赛，对于一个即将八十岁的年迈老太太来讲太过劳累，就阻止了她。

然而，谁也不能阻止她实现冠军梦想的决心。在二十年之后，她已经年过百岁，终于等来了一场在她的家乡举办的世界大师锦标赛。这是一场规模盛大的体育赛事，参加比赛的人将近三万。在比赛这天，她用尽全部力气，将一颗八斤重的铅球抛出了4米远。这让所有的现场观众惊呼不已，她成为这届锦标赛女子100~104岁年龄组的铅球冠军。当记者采访她的时候问到如何能够取得这样好的成绩，她回答："我用尽了一生为实现冠军梦全力以赴，并不是靠幸运。"她就是澳大利亚的百岁老人鲁斯·弗里斯。

一个能够为了梦想坚持全力以赴近百年的人，魔鬼也许可以阻挡她实现梦想的脚步，但无法阻挡她梦想成真的努力。

有的人会像鲁斯·弗里斯一样，一生都在为一个梦想而奋斗；有的人则随着自己的认知和能力的提升，梦想也在一步步向更高层次升华。相信大多数人都属于后者。

对于很多创业者来说，打工生涯让他们增长了见识，让自己逐渐产生了创业的念头。而创业者和鲁斯·弗里斯的共同点在于，都是为了这个梦想而全力以赴。

事业越大，承受的压力就越多，要经历的艰辛也就越多。刚开始走上创业道路的时候，对于一个创业“小白”来讲，是十分艰难和艰辛的，资金、产品、团队、市场等都是让人费心费神的事情。对于我来讲，让自己感觉最艰难的还是市场的开拓。

起初的时候，我和另外两个创始人（赵艳伶、韩银平）带着其他十一个合伙人一起创业，由于资金短缺，在开拓市场的时候只能大家亲自上阵，谁也不例外。基于之前积累了不少销售经验，我对自己拿下第一个客户还是十分有信心的，因为我知道自己的产品对经销商来讲是陌生的，如果一上来就对自己的产品夸夸其谈，大部分人是不会认可和接受的。所以我想，如果能够取得对方的信任，就可以打破这种陌生关系，接下来的事情也便容易开展了。

所以我在一家商场中找了一家内衣销售店，抱着这样的想法跟经理沟通。起初一切进展都很顺利，但在真正谈及产品的时候，经理的态度开始变得不那么友好。

当我逐渐将产品引入话题的时候，便顺势告诉经理此次来的目的，并强调：“产品好不好，只要试卖一段时间就能见分晓。如果您能信得过我，我的产品不用您投资一分钱，只要能让我的产品上了您的货架，我可以免费帮您在店里做销售，同时推广您现有的产品和我自己的产品，并且我可以将所有的利润都给您，我只收回成本就可以。”在我苦口婆心的央求下，经理终于松了口，愿意接纳我们的产品，但还是提出了要求：“你也看到了，我这里并不缺客户，你如果能靠自己的能力将你的产品推广出去，让顾客认可，那我可以考虑和你合作。但如果顾客不认可，你就直接拿着你的产品走人。”能有经理的这句话，已经让我感激不已，我下定决心抓住这次难得的机会，尽全力为自己的产品打出一片市场。

在获得经理的允许之后，我第二天一大早就来到了店里，像之前在公司一样，以一个员工的身份打扫卫生，扫地、拖地、整理货架，我的这些举动其他店员都看在眼里，他们都认为我是一个能放下身段且容易接近的人，于是大家的信任和友好就这样建立起来了。在十分融洽的工作氛围下，我便开始了第一天的推广工作。

由于我们的产品价格较其他产品略高，所以刚开始给顾客试穿这款塑身产品时，顾客自然是不会欣然接受和认可的。但我也并没有因此而放弃，我明白，创业初期是十分艰苦的，但如果因为前几天没有销量就这样沮丧和放弃，自己都量力而为，那谁还愿意为自己踏上创业巅峰的梦想而全力以赴呢？想到这里，我便更加卖力地向进入店中的顾客介绍产品。

我意识到，必须改变策略才能收拢顾客的芳心。于是当有两个结伴而来的顾客走到我们的产品前看产品时，我便向她们讲述：“这款健康调整型品牌内衣是我们经过多年时间才研发出来的，凝结了我们的很多心血。虽然这内衣目前还算不上一流产品，但我希望您可以将我们的产品看成一流的产品，买来试穿一下。”这两位女士用好奇且疑惑的目光看着我，问道："为什么明知道自己的内衣产品不是一流产品，还要让我们将它看作一流产品来购买？"我知道这两位女士此时的情绪充满了不满，但仍继续说道："相信您二位女士都是明白人，如今在健康调整型品牌内衣行业品牌繁多，真正能称得上一流的产品也因此垄断了市场，价格逐年上升。然而，市场上有很多仿品，很容易让消费者花一流产品的价格却买了假冒的产品。但如果在这一行业中有一款可以跟这家一流公司相匹敌的产品，并且无论产品质量还是价格都能与之媲美，这对所有的消费者来讲都是一件好事。如果消费者可以用较低的价格，买到与一流产品相媲美的产品，您何乐而不为呢？"

听到这里，两位顾客连连点头表示赞同。此时我又接着说道："当然，目前，我们的产品刚上市不久，可能还存在一些缺点，但我们会根据消费者的使用体验进行更加细致的改善和提升，相信不久，我们的产品就会与市场中的一流产品相抗衡。"

我能够直言不讳地说出自己产品的现状，站在她们的立场上为她们的利益考虑，这使得两位顾客对我和我们的产品更加认可，于是便十分高兴地每人购买了一套内衣。因此，我们产品的销路就这样打开了，在接下来的日子里，陆陆续续有顾客购买我们的产品，并且好多都是回头客和转介绍过来的客户。我们的产品在店里的销量也一路猛增，经过一个星期的努力，与店内的其他内衣产品相比，其销售额相当于店里以往半个月的销售额。

我所做的一切以及所创下的惊人的销售业绩，经理看在眼里。所以一星期后，经理笑容满面地过来，要和我携手合作。这样，我将这家店成功发展为自己的第一个代理商。

梦想是否可以成功实现，不在于你所取得的成就大小，也不在于你有多么伟大，而在于你是否真正为了这一梦想而用尽全力奋斗过。正像一首大家耳熟能详的儿歌《蜗牛与黄鹂鸟》，其中的蜗牛背着重重的壳，在葡萄树刚发芽的时候就往上爬，而黄鹂鸟却在一旁讥讽它。虽然蜗牛没有快速取得成功，但它毕竟为了自己的梦想全力以赴过，和黄鹂鸟相比，它所经历的要艰难很多，但它从不言弃，而是一步一步地往上爬，即使在追梦的路上失败了，也得到了大家的尊敬。

所以，在为了梦想奋斗的过程中，全力以赴是成功的通行证。幸运女神总会垂青于那些时刻为了梦想，即便困难重重都不退缩、身陷逆境都不颓丧的勇士。可以说，这个世界上每天都会有很多“梦想家”，但只有尽力而为，梦想才有可能变为现实。

（注：本节中的“我”系作者之一——赵晴）

一定要有自己的方向

格拉威尔所著的《异数》，是一本关于成功学的书。在该书中，格拉威尔提到了一个“一万小时”定律：只要经过一万小时的锤炼，任何人都能从平凡变为超凡。的确，一个人能够专注于一件事情，本身就非常难能可贵，但花费大量时间进行的专注，并不等于时间的堆砌。能找准你要专注的方向，你的专注才能有空间实战，你的奋斗才会有量到质的飞跃。否则，即便专注一万小时，又有何意义？

所以，只有明确了奋斗方向，才能让你的专注和努力更容易产生价值。

有一个女孩，小时候由于身体纤弱，每次体育课跑步的时候，她都是落在最后的一个。这让好胜心极强的她感到非常沮丧，甚至开始害怕上体育课。这时，她的妈妈安慰她："没关系，你的年龄是最小的，可以跑在最后。不过，孩子你要记住，下一次你的目标就是只追你的前一名。"

"只追前一名。"小女孩重复着，点了点头，记住了妈妈的话。等到下次再跑步的时候，她就奋力追赶跑在她前面的同学。结果，她真的做到了，从开始的倒数第一名，倒数第二、第三、第四……连连上升。一个学期还没结束，她的跑步成绩已经进步了很多，已经攀上了中游水平，她越来越喜欢上体育课了。"只追前一名"的方法在女孩身上起到了很好的激励效果，于是她的妈妈将这种方式用在女孩的学习上。

这样，在女孩高中毕业的时候，她考上了一所国家重点大学，同年4月，她被哈佛大学教育学院以全额奖学金录取，成为当年哈佛教育学院录取的唯一一位中国本科应届毕业生。她就是朱成。她在哈佛大学获得了硕士学位，并在哈佛大学担任全职教师。之后，她当选为有11个研究生院、1.3万名研究生的哈佛大学研究生院学生会主席。这是哈佛大学370年历史上第一次由中国学生出任该职位，这在当时引起了巨大的轰动。

"只追前一名"，成了朱成一生成长的座右铭，也正是这个座右铭让她知道自己应当朝着什么方向前进。一个人，没有目标便没有方向，没有方向便失去了追逐成功的动力。

我们每个人来到这个世界上，应当有自己追求的人生方向和目标。在确定了方向和目标之后，或许经过努力与奋斗并没有实现自己的梦想，但这并不意味着就此失去了既定方向和目标的价值。明确的方向让人积极进取，而不是碌碌无为；清晰的目标让人发挥潜力，而不是虚度一生。这就是人一定要有自己的方向和目标的原因。

《荷马史诗·奥德赛》中有这样一句名言："没有比漫无目的更令人无法忍受的了。"在生活中，很多女人认为自己迟早是要嫁人的，未来生活的重担自然有丈夫扛。在结婚前，只要"一个人吃饱全家不饿"即可，何必让自己的青春在匆忙和劳碌中度过，那样的生活着实艰辛。所以这些女人的生活在漫无目的中度过，她们根本不知道自己想要的是什么，不知道如何规划自己的人生，不知道自己的未来应当朝着什么方向前行。

正所谓"门当户对"，在当前这个现实的社会，能凭自己的美貌嫁给富豪享受阔太太的幸福生活的女人少之甚少。所以，对于绝大多数普通的我们来讲，无论何时都需要保持一颗奋斗的心。因为你向着高层次目标和方向前行，才有机会遇到和接触到同样有着高层次事业和能力的异性，这样你才更有机会与其两两结合，加快你实现幸福梦想的步伐。婚前你奋斗的是自己的人生，婚后你奋斗的是全家人的未来。如果你现在还没有给自己找准方向，那么无论是婚前的你还是婚后的你，都是令人堪忧的。

当然，我们身边也会有很多真实的例子，有的女人工作不努力，整日幻想着能够偶遇命中的白马王子。但由于她们的工作性质的原因，导致整日面对的都是女性客户，根本不会有偶遇白马王子的机会。然而等到从妙龄少女成长为大龄剩女时，好高骛远的心态让她们依然幻想着有一天有人能够"踏着七彩祥云来迎娶"，结果梦一直都在，却依旧遥远，从未实现。

法国文学家、思想家罗曼·罗兰说过："多数人在人潮汹涌的世间，白白挤了一生，从来不知道哪里才是他所想要到达的地方，而有目标的人却始终不忘自己的方向，所以他能打开出路，走向成功。"所以，女人，从梦中醒来吧，如果你一辈子不能给自己定一个方向，一辈子活在梦中，你的人生也终将是一场梦，白白虚度。

第四章

每一次选择都要听从内心的声音

——做自己喜欢的事

每个人都有不同的人生，我们无法复制，也无须复制别人的人生。人活着，最重要的事情就是每次在人生的岔路口需要做选择的时候，都能遵从自己内心的想法，听从自己内心的声音，选择自己喜欢的事情去做。因为人的一生是十分短暂的，我们不要活在世俗的眼光和观念里，不要让别人的意见左右我们的内心。勇敢地去追随自己的真实想法，这样你才能活出自我。

你的选择，应当与内心同在

很多时候，我们在做一个决定的时候，其实并不是因为这个决定本身有多难，而是因为我们在做决定时，往往会拿别人做参考，或者喜欢听从别人的意见和建议。然而，我们往往会被这些参考和意见左右了内心的想法，越是不想因为一时的错误选择而让自己悔恨，结果越是不尽如人意。

“苹果之父”乔布斯在斯坦福大学毕业典礼上做演讲时讲道：“你的时间有限，不要让别人的意见的嘈杂声淹没你自己内心的声音，勇敢地去追随自己的内心和直觉，它们从来都知道你会成为什么样的人。”要知道，毕竟你就是当事人，没有谁更了解你，没有谁比你更了解当前的处境和情况。在参考别人的选择和建议的同时，可能会干扰你原本正确的判断思维，反而让你拿捏不定，甚至最终选择朝着错误的方向前进。

之所以选择参考别人的意见和建议，是因为我们每个人自出生起，便耳濡目染于社会意识形态之中，接受的是周遭人与事所传递的价值观和评判标准。这些价值观和评判标准会逐渐被我们认同，认为自己应该相信和遵守这种准则。因此我们在很多时候基于这些准则而压制自己内心的声音，克制自己不去随心所欲地做自己喜欢做的事情。

这样的情况，小到吃饭时不应该吧唧嘴，大到父母告诉我们所有的婚姻到最后都是将就。这些声音可以很宏大、很恳切、很严厉，深深植根在我们的心中，但本质上它并不是我们自己意识中的声音，而是外在信息灌输在内心的声音。

然而，还有另一种内心的声音，这种声音是当我们长大后，对事物有一定的认知，并且有足够的判断力和思考能力，能够通过自我感受世界的温暖与冰凉、安全与危险、希望与幻灭等各种情感穿插交织后产生的发自灵魂的声音。

往往，我们在面对选择的时候按照外在信息灌输的声音行事，却忽视和放弃了听从自己灵魂的声音。这也正是让我们感到无奈的原因。面对这种无奈，我们为何要选择为别人而活，为什么不做一个随心随性的人？有时候，听从自己灵魂的声音不失为一种明智的选择。无论选择什么，就按照自己内心的意愿去做什么，达成自己的愿望，这才是幸福的真谛。

伊莎多拉·邓肯的一生跌宕起伏、绚烂多彩，我们从她所写的闻名世界的《邓肯自传》中就可以深入地感受到她的内心世界和精彩人生。

邓肯自小在海边长大，她从来都不相信有什么圣诞老人，而且在别人眼中，她似乎天生就是一个蔑视一切陈规的家伙。她还讨厌所有的浮华做作，更喜欢听从自己内心的声音，勇敢去做自己喜欢的事情。

在邓肯还是小姑娘的时候，那时西方的舞台上芭蕾舞深受大家喜欢，它高雅、神圣，人们也以学习芭蕾舞为荣。所以邓肯的母亲也希望邓肯能够学习一些高雅的东西，于是就将邓肯送去芭蕾舞学校。但是邓肯却只上了三节课就离开了，再也不愿意去学习。因为她厌恶芭蕾舞的程式化，厌恶舞鞋和束身衣带来的约束感。从这时起，她意识到自己理想中的舞蹈是能够体现人类精神和灵魂的舞蹈，这才是舞蹈至高无上的境界。

在舞蹈学习班上，哪怕是面对最年幼无知的学员，她都会告诉她们："舞蹈就是要用你们的内心、灵魂去听音乐。现在你在听音乐的时候，是否感受到有一个自我的力量正在你的内心深处觉醒？正是靠这个自我的力量，你才能用你的一动一静舞出你的灵魂。"

邓肯在舞蹈班上惊世骇俗的观念，让人觉得她是一个不走寻常路的人。在排练时，她有时候会长时间一动不动地伫立在那里，双手交叉在胸前，不停地思索，努力寻找着舞蹈动作的喷发点。在演出时，她把舞鞋和束身衣抛在一边，而是换上让她感觉更加自由和舒适的宽松裙袍，赤着双脚，自由起舞。她相信："最自由的身体蕴藏了最高的智慧。"

邓肯用自己喜欢的方式为自己在舞坛赢得了一席之地。"听从自己内心的声音”，给了她不走寻常路的勇气，使她能够通过自己喜欢的舞蹈方式轰动世界，也使她成为“现代舞之母”，从此她的人生大放异彩。她用自己喜欢的、别人无法超越的舞蹈思想和舞蹈动作，影响了世界舞蹈的发展进程。

原来，一个人能够听从自己内心的声音，做自己喜欢做的事情，可以创造一个新的舞蹈方式，推动世界舞蹈发展的进程。能够达到如此伟大境界的人，自然是无比幸福和荣耀的。相信很多人都希望自己能像邓肯一样，做自己喜欢的事情，成为一个洒脱而又有价值的人。

我们三个人共同创建公司的初心就是，希望自己能够帮助更多愿意跟随的合作伙伴，为那些有胆识、有志气的女性提供一个非常好的创业平台。大家能够在这个平台上施展自己的才华，能够实现自我成长、自我收获，实现自己的创业梦想，创造自己想要的生活，开辟全新的人生之路。

起初，在招募合作者的时候，很多人持怀疑态度，认为一个刚刚起家的品牌，如果要在巨大的市场中立足是非常困难的，要想在市场中分得更大的蛋糕更是难上加难，想要踏出一条致富路是十分艰难的。于是，我们向她们承诺：无须投资，只需要以“为自己干”的态度对待，即可以享受到每月的工资，并且在年底获得一定比例的利润分红。很快，先后有10人加入我们的团队，公司团队也在不断壮大，市场也得到了不断的拓展。半年后，这10位团队成员更加了解产品，并看到了产品所拥有的巨大市场前景，看到了销售额的大幅增长，此时她们对我们三个创始人和DS品牌公司更加信赖，对产品的未来更加有信心，于是纷纷申请成为公司的股东，并加大投资用于产品研发以及市场拓展。

如今，在大家的共同努力下，公司效益颇为显著，大家也都通过自己的努力收获了很多。最初团队的这10个核心成员中，她们有的是普通的导购，有的是全职家庭主妇，还有的是小企业主，她们成了公司的第一批一级核心成员。仅仅三年的时间，每个人每年的收入都高达几百万，每年优秀的成员还会获得奔驰轿车的奖励。

所有的这些努力，都让她们从平凡走向了优秀，这不光是她们个人能力的提升，更重要的是我们大家能够走到一起，为了共同的梦想而奋斗，创造了属于自己的一份事业。

然而，这些对于我们三个创始人来讲只是喜欢做的事情的一部分，我们从内心希望更多的女性学会独立、自强，过上富足的生活。而这种富足并不仅仅是经济上的富足，还有精神、修养等方面的富足。所以我们公司还成立了自己的商学院，用更加系统化、专业化的知识，从各方面培养和塑造公司的代理商和加盟商，让合作伙伴不光在事业上有很大的提升，更重要的是在完善自己事业的同时，让自己的家庭，包括子女的教育，包括自己内在的一些修养都得到更高的升华。

人本主义心理学家马斯洛说："人如果不能时刻倾听自己的心声，就无法明智选择人生的道路。"现在，我们三个创始人选择做的事情正在逐渐从最初的梦想变为现实，我们也庆幸自己一直在坚持着、奋斗着。积少成多，我们相信，通过不懈努力，终将换来累累硕果。

人生只有一次，如白驹过隙。在这短暂的一生中，每个人想在有限的生命里得到的东西有很多，但最终归结为两个字——"幸福"。幸福是我们一生的航标，但每个人想要的幸福却各有不同。不论何种幸福，只要能做自己喜欢的事，活出真我，让生命充盈着喜悦，就是幸福的最佳状态。

风靡全球的风俗派画家摩西奶奶，在她76岁的时候才拿起画笔，在将近20年的绘画生涯中，她创作的作品超过了1600件，如今摩西奶奶的作品在世界各地的博物馆都有展出。摩西奶奶有一句话最让人回味无穷："慢慢来，只要你能够找到自己喜欢做的事情，任何时候开始，都不会太晚。"这句话给我们很多启迪。

所以，如果你要做选择，就按照自己内心的想法去做吧，不要迟疑和徘徊！这个世界上没有谁能阻止你奋斗的决心，只有你自己。每一个生命都有享受自己精彩人生的权利，听从自己内心的选择，才能让自己真正得到快乐和幸福。

除了你自己，谁也不能否定你

孙子兵法中有这样一句话："千千为敌，一人胜之，未若自胜，为战中上。"

这句话的意思是说：如果能以一个人的力量去战胜成千上万的敌人，那么这个人当然堪称是勇猛的战将。然而只有那个能够战胜自己的人，才能成为元帅。

其实，无论是战场上还是生活中，除了自己否定自己，谁也不能否定你；只有能战胜自己的人才能百战不殆，取得真正的成功。

生活中，没有谁的人生是一帆风顺的，每个人都可能面临同样的困难：遭遇挫折、生活窘迫、情路坎坷、前途渺茫……在这种状况下，不同的人会选择不同的对策，而不同的对策最终会演变为不同的结果。有的人最终在别人不被看好的情况下，被动地选择了放弃对美好憧憬的追逐，于是逐渐被生活打磨得失去了想象力，最后离自己的梦想渐行渐远；有的人不愿沦为人们眼中的“无能者”“失败者”，而是“明知蜀道难，偏向蜀山行”，要用自己的努力来证明自己并不是一事无成的弱者。

人一旦因为这种“我不行”的心理作用而选择放弃，便可能就此一味地软弱下去，在众人的目光中倒下，成为真正的弱者。很多时候，那些美好的事物就是断送在这种自我否定的软弱中。

著名的护理学和护士教育创始人之一佛罗伦萨·南丁格尔出生在一个富有的家庭，她本身也是受过高等教育的贵族小姐。南丁格尔从小就非常着迷于护理工作，并且长期担任庄园周围生病农户的看护者。

当她希望成为一名护士，加入当时只有社会底层妇女和教会修女才会担任的护理工作中，并把这件事情当作终身事业时，遭到了来自父母的强烈反对以及世俗偏见的无情中伤。但即便面对一些闲言碎语和误会，南丁格尔一直觉得自己完全可以胜任这个工作，丝毫不肯做出让步。

南丁格尔总是出现在病患需要的地方，尤其是1845年克里米亚战争爆发后，她率领38名护士奔赴枪林弹雨中，加入病患的护理工作中，挽救病患的生命，减少病患的痛苦。此刻，南丁格尔已经完全褪去了贵族小姐的娇弱，不仅表现出非凡的组织才能，还给予病患无微不至的关怀，帮助医生进行手术。每天，她都要工作超过20个小时。

她总是提着一盏小小的油灯，去逐床查看病患的情况，因此她也被士兵们称为“提灯女士”“克里米亚的天使”。

最让人称奇的是，为了取得必要的医药物资，当所有人都不敢打破陈规陋习采取行动的时候，南丁格尔却带领着几个大胆的人，撬开了英国女王仓库门上的锁，并向吓得目瞪口呆的守卫说：“现在请你们把所看到的告诉女王吧，所有的事情我全部负责。”

南丁格尔的伟大事迹从此在世界广为流传，也让世界为之一震。在南丁格尔的努力推动下，世界上第一所护士学校成立，整个西欧以及世界各地的护理工作和护士教育也因此快速发展。

尽管有父母的否定和世俗的偏见，但南丁格尔相信自己，她用自己的实际行动和付出，不仅向世人证明了自己的能力，也改变了自己的命运轨迹。然而，在现实生活中，很多人总是认为自己生活的环境太差、工作环境太差，不可能改变自己的命运，不可能改变当前的薪资水平，各种“不可能”似乎成了他们人生的印记。然而，我们眼里不可能实现和改变的事情，与南丁格尔的艰难境遇相比，简直就是沧海一粟，不值得一提。那些伟大的、在人们眼中无法实现的事情，都因南丁格尔义无反顾的努力和奋斗而成为现实，我们还有什么理由在还没开始的时候就否定自己呢？我们为什么将自己的人生寄托在他人的评判之上呢？

要知道，对于一个人来讲，自我肯定、自我相信、自我激励是他最大的权利。即便知道自己选择的路上荆棘遍布，即便别人眼中的你根本无法实现你的梦想，但只要我们善于发挥我们手中紧握的这种权利，只要相信

“我能行”，相信通过自己的奋斗终究梦想会变为现实，只要敢于为追逐梦想付出代价，更要做好被挫千百遍的心理准备，那么当你正式迈入追梦的队伍之后，就有可能生活得更好。

我们三个创始人当初都是从上班转向自我创业的，明知是一条非常艰辛的路，但还是毅然决然地离开了原本工作安逸、薪资不菲的公司。后来我们自己创建内衣品牌、组建核心团队、拓展营销市场等，虽然也有一些让人难以忘记的波折，但我们所选择的和所做的一切，其实都是自己对于自我能力的证明。我们的家人都曾担心我们三个女人组建的创业团队难以适应纷繁复杂的社会竞争，难以应对人心叵测的算计，但我们通过几年的不懈奋斗，从基础的产品推销、市场推广一步步做起，最终看到了公司的正常运转。

我曾经担任市场总监职务，当时年薪已经达到了近百万元。当我向家人、同事说出“创业”两个字时，他们都不约而同地表现出无比的诧异，还不断地告诫我，创业有风险。可是我就是希望向身边的人证明“我能行”，“我的创业一定能梦想成真”。

如今，我更加明白一个道理：无论何时，都要相信自己，做自己的主人，除了你自己，没有人可以否定你，不要因为别人的贬低和低估而影响了你自己的情绪，低估了你自己。我们身边永远少不了质疑自己的人，有的是担心我们能力不够而在未来的路上把自己弄得遍体鳞伤，比如我们的父母，他们的不相信是出于对我们的爱和保护，相比于那些有风险的事情，他们更加愿意让我们选择一种安逸而平静的生活。而有的人则是不希望我们过得比他们好，他们的质疑对我们来说往往是一种打击，此时你若能心胸开阔，按照自己的想法前行，无论他们的打击如何猛烈，都不能改变我们坚定的信念和决心。

人生中，最悲剧的失败，不是走到失败的终点，而是随着旁人口中的失败贬低和低估自己，进而怀疑自己的能力，开始自我否定。这样，你还未开始向前迈出第一步，就已经丧失信心，被自己打败。这样的失败，是人生中最大的失败。

所以，无论是出于好心还是打击，当你确定要做一件事情的时候，那就一不做二不休，无论周围有多少人嘲笑，多少人否定，都要坚定自己的信念，清楚自己的目标，毫不动摇地为这个目标奋斗不已。

（注：本节中的“我”系作者之一——赵晴）

| 精力花在哪里，人生就在哪里 |

人们常说“钱花在哪里，哪里好。”的确如此。

一家销售公司的主管是一位女士，孩子七八岁，眼界宽广，知书达理，兴趣广泛，是一个机灵的人。她每年都会在孩子放寒暑假的时候，带孩子和家人出国旅游一个月。一个月的假期，用年假消遣显然是不够的，所以就请扣工资的假，总之一年两次出国雷打不动。每次出游的花销都不低，所以同事们也习惯地称她为“土豪”。每次“土豪”回来潇洒发礼物的时候，同事们都会戏谑地说：“‘土豪’妈妈，你好有钱啊！”有一次，这位女主管跟同事说：“不是我有钱，是我愿意把钱花在这件事上。”

仔细想来，这句话能给我们很大的启发。其实，我们生活中，很多时候都是这样的：这位“土豪”喜欢把金钱花在旅游上，她所收获的就是宽广的眼界和广泛的兴趣。同样，我们把自己的时间和精力花在哪里，就会收获怎样的人生。

人的精力是有限的，你的精力花在穿衣打扮上，那么你收获的就是别人对你美貌和衣着品位的赞美；如果你将精力花在柴米油盐酱醋茶上，为丈夫、孩子操碎了心，那么你所收获的就是家庭琐事刻在脸上的疲惫；如果你把精力花在阅读和学习上，那么你所收获的将是丰富的学识和令人敬仰的涵养；如果你将精力花在创业上，那么你所收获的将是别人所羡慕的蒸蒸日上的事业。

有人说：“岁月像是一把无情的‘杀猪刀’。”然而岁月对于女人来讲，毁掉的不仅仅是美丽的容颜，更有可能是女人心里的无限可能。上天对每个人都是公平的，每个人每天都拥有三个8小时：第一个8小时大家都在工作；第二个8小时大家都在睡觉；人与人之间最大的差别就是在第三个8小时中创造出来的。

有两只小鸭子孵化在芦苇塘边。随着它们渐渐长大，一只成了漂亮的白鸭子，而另一只却是长相丑陋的灰鸭子。主人因为白鸭子长得漂亮更加喜欢白鸭子，经常把食物投给白鸭子吃，而对灰鸭子置之不理。

这样，白鸭子每天可以无忧无虑地享受美食，却逐渐长成了一只肥胖的鸭子。而灰鸭子每天不停地振翅欲飞，它飞起来又跌下去，摔得遍体鳞伤。白鸭子劝灰鸭子说："别白费力气了，我们是鸭子，飞不动。"

灰鸭子并没有因此而放弃，而是每天拿出更多的时间去练习飞翔。有一天，灰鸭子终于可以在天空中翱翔，而白鸭子的翅膀则因为每天无所事事早已萎缩，再加上自己变胖，能够在天空中飞翔对于它来说是不可能的事情了。每当灰鸭子飞上天时，白鸭子就会对同类说："快看，那只能飞的鸭子是我的伙伴。"

同类们大笑："你疯了，那是只黑天鹅。"

黑天鹅将精力花在了练习飞翔上，也因此实现了自己在蓝天中自由翱翔的梦想。如果黑天鹅最初和白鸭子一样选择将所有精力都放在养尊处优上，而不是尽全力去练习飞翔，就不会收获成功飞天的梦想，甚至还会和白鸭子一样翅膀逐渐萎缩。同样，对于充满智慧的人类来讲，我们的幸福在于沿着自己的人生目标不断进取，哪怕倾尽所有时间和精力去追逐，幸福终将会离你越来越近，迟早有一天，你会收获幸福的人生。

有一个快要40岁的女士，她经常骄傲地说："我怎么感觉我40岁的样子，比20岁还美呢？"相比之下，也有一些女人才三十几岁就对自己的人生悲观失望，她们会说："我都已经三十多岁了，离婚了之后，我的人生还能有更好的机会吗？"

其实，一开始的时候，同样是女人，大家都有同样的起点。然而，走着走着，我们选择追求的方向就会有所不同，我们将自己的精力投入不同的事情上，结果换来的是各不相同的人生。

相比而言，那位即将40岁的女士之所以认为自己的样子比20岁还美，是因为她将一部分精力放在了保养上，让她的容颜能够修饰得更加美艳动人；她将另一部分精力放在了自己的事业上，让自己对人生充满了自信。拥有美丽的容貌和自信的事业，自然是一个女人获得幸福人生的法宝。而那位三十多岁的女人，选择将更多的精力放在家庭上，所以在工作方面分配的精力自然就少了，这样的结果是她的工作效率和成绩平平，同时也因为天天围着厨房和家庭转，皮肤被油烟熏得泛黄，被家庭琐事困扰而增添了颇多的皱纹，看上去比那位40岁的女士还显得苍老。所以，一个人的人生是什么样的，并不是年龄的大小而决定的，而是由你所支配的精力所决定的。

作为女人，容颜易老，青春易逝，我们不用像白鸭子一样去羡慕别人，去寻找她们在各自领域里取得成功的秘诀。如何才能趁年轻抓住自己的人生并取得成功，关键就在于如何管理自己的时间，这样才能很好地支配你的精力。而最好的时间管理办法，就是花更多的时间去做人生中最重要的那件事。

而我们的一生中，最重要的事情是很少的。我们花了很多的时间和精力用在那些无关紧要、无关痛痒的事情上。如果居里夫人一辈子将时间和精力用在相夫教子上，那么就不会有在实验室发现镭并获得诺贝尔化学奖的荣耀；如果李清照从小就秉持“女子无才便是德”的想法，不花时间去翻阅父亲的藏书，那么就不会有“千古第一才女”的传唱。

很多人总是抱怨自己迷茫不得志、生活喧嚣不公平，其实说到底是她们没有将自己的精力放在对的地方。如果我们能够将自己的精力放在一件能够决定和改变人生的重要事情上，并为其赴汤蹈火，我们将会看到人生中不一样的灿烂烟火。

| 不将就，生活才精彩 |

在电视剧《何以笙箫默》中有这样一句台词：“如果世界上曾经有那个人出现过，其他人都会变成将就，而我不愿意将就。”这句话让很多人产生了共鸣，让我们明白：不将就也是一种生活态度。

人生原本可以选择将就，也可以选择讲究。不愿将就的人，要过属于自己的人生，选择适合自己的人，做适合自己的事情，生活才精彩。有的人一生追求安逸不变的生活，但是这样的生活往往单调乏味、一成不变，没有激起任何涟漪，这样的人生注定是碌碌无为的一生。但有人不愿将就，他们敢于拼搏、敢于奋斗，这样的人虽然平凡，但却具有高贵的灵魂，不断追求人生的新高度。不愿妥协、不甘将就的心，驱动着他们不断前行。

现在，越来越多的女人习惯凑合和将就。看似永无止尽的妥协和让步，并没有对我们的生活和既有的人生带来多大的影响。但慢慢地，当这种将就变成了一种习惯，以至于我们已经忘却了最初的那份追求和对幸福生活的向往，而我们的生活也不会与“精致”“精彩”有缘，一如既往的贫困交加、生活艰辛、情路坎坷等必将与你相伴一生。

我还是一名小学生的时候，就梦想着拥有一辆自己的小汽车。

那是一个雨后的周一，我穿着一身崭新的校服坐在爸爸的自行车后座上。我张开双臂迎着风，一想到自己第一次穿上雪白的校服就开心得合不拢嘴。

突然一辆汽车从我们身边疾驰而去，只听“哗”地一声，水花四溅，乌黑的泥水顿时溅了我和爸爸一身。懊恼的我顿时急出了眼泪，要知道穿上校服的心情就像过年穿上新衣服一样。满身的泥点子，让幼小的我萌生了一个想法：长大以后，要买一辆小汽车，冬天不冷，夏天不热，雨天不怕淋，赶路不怕累……不再像爸爸一样，骑着自行车，又费力，还会被溅一身泥。

小时候的这段经历为我的内心埋下了努力的种子。刚过20岁的我，通过自己的奋斗，赚到了人生第一桶金，于是我毫不犹豫地做出决定：这笔钱，什么都不干，马上拿去买车。

一提回车，我做的第一件事，就是开着它到当年被溅了一身泥的地方做一次亲身体验。十年时光，路已不是当初的路，人也不是当初的人。但我的脑海中像过电影一样，闪现出当年那辆小汽车开过的画面。

如今，为自己买车，买更好的车，已经成为我的一种特殊情怀。此后的十几年里，我陆续换了四次车，车的档次也从十几万到两百万不等。有人说：车嘛，就是一个代步工具，用得着开那么好的吗？但，这恰好代表了我不将就的生活态度。

与其说，我喜欢车，不如说喜欢的是车所带给自己的成就感以及所提升的生活品质。

你的努力，配得上更好的车！车，是自己的亲密伙伴，也是自己奋斗的动力之一。不将就自己的人生，才能更加有尊严地活着，过上自己想要的生活。

有这样一则小故事，让人深思。

在北方，一家磨坊里有一匹马和一头驴子。它们自小就是好朋友，驴子喜欢安逸的生活，而马却不愿意将就着过完自己的一生，它立志拥有更加精彩的人生。因此，马听从了自己内心的声音，选择在外边拉东西，而驴选择了在屋里推磨。

有一天，主人带着这匹马去南方远行。一年后，这匹马随着主人回到了磨坊。它见到了磨坊里的老朋友驴子。马谈起了这一年里跟随主人所经历的一切：浩瀚无边的沙漠、高耸入云的雪山、宽广无垠的大海……那些神话般的世界，让驴子大开眼界。此时，驴子惊叹道："你有这么多丰富的见闻啊！那么遥远的路途，我想都不敢想。"马说："其实，我们走的距离大体上是相等的，当我在远行的道路上前进的时候，你也没有停止脚步。不同的是，我不愿意将就自己的一生，不愿意一直过着这种一成不变的生活。因此，我跟随主人四处游历，虽然艰辛，却让我打开了一个精彩的世界，而你却选择了安逸，整日被蒙住眼睛，只能围着磨盘打转，所以永远也走不出这个狭隘的天地。”

这则故事虽简短，却很有哲理性：其实，杰出人士和平庸之辈之间的差距往往并不是天赋的悬殊，也不在于机遇，而是在于是否对眼前的生活状态选择妥协和将就。马与驴虽然都在不断前行，但马却走了千里，而驴却在原地打转。出现这样的差别的关键在于他们内心的选择不同：一个甘愿将就，一个拒绝将就。

对自己的人生不将就的人，才能够成为生活中的强者。

国际超模纳塔利·沃佳诺娃出生在俄罗斯的一个贫穷家庭，她从小就被父亲抛弃，母亲带着她只能靠摆摊卖水果维持生计。渐渐地，纳塔利长大了，也渐渐懂事，她感觉自己的生活枯燥、单调，毫无生机和精彩可言，她每天就像一个陀螺一般不停地旋转，却一如既往地过着贫穷交困的生活。她多么希望自己能够改变这种将就着过的生活，有朝一日能够改变自己的命运。

有一天，纳塔利依旧像往常一样在水果摊忙碌，幸运的是，她被巴黎一家著名模特公司的星探发现。这位星探认为纳塔利有做超模的潜质，希望纳塔利能来巴黎参加模特培训，但前提是要在三个月内学好一口流利的英语。

纳塔利听了这位星探的一番话之后，十分激动，仿佛已经看到了自己未来丰富多彩的人生。于是她和母亲表明心迹，希望自己日后能登上灯光闪耀的舞台，感受到众星捧月的荣耀。母亲懂得纳塔利的心思，知道她是一只高傲、向上的白天鹅，是一个不甘心将就着过一辈子穷苦生活的人，于是支持纳塔利做超模的决定。

在进军巴黎之前，母女俩为了打探虚实，还专门对这位星探做了调查，之后纳塔利才放心地在一所专业的英语培训学校学习英文。她深知这次机会非常难得，更明白这次机会对她而言具有重要意义，因此十分珍惜这次来之不易的机会。她平时认真学习，吃饭、睡觉的时间也都不放过。三个月后，纳塔利的英语水平突飞猛进，最后顺利地与巴黎公司签约，开始了自己的模特生涯。

由于纳塔利常年跟母亲卖水果，搬水果，让她的四肢变得十分僵硬，身体柔韧性很差。面对这样的缺陷，纳塔利每天忍受着极大的痛苦做拉伸训练，希望能快速弥补自身的不足。她穿着之前从来没有穿过的高跟鞋一遍遍走T台，即便脚上全部磨出了血泡，她却从来没喊过疼，从来没有停止练习。

功夫不负有心人。在经过不断努力后，纳塔利每年在各大时装周上走秀好几十场，并为诸多时尚大牌代言，还成为路易·威廉登集团总裁的儿媳。但她并没有满足于现状，而就此停止了自己前进的脚步，她希望自己未来的人生能够攀上制高点。所以，在成为妈妈之后，她不但没有退出T台，反而变得更加努力。她还出任俄罗斯世界杯超模司仪，并一举成为福布斯榜上最赚钱的超模之一。

如果纳塔利当初选择凑合着过，如果她因为自己四肢僵硬而就此选择放弃，继续将就着过之前的生活，那么她日后的生活必定不会有这么多的精彩。正是由于纳塔利这种对眼前生活的不将就，才有了她后来登上T台的精彩人生。

人生百态，每个人都有不同的人生。前路如何，完全取决于自己的选择。其实，将就和不将就只是一种生活态度，关键在于你内心的选择。衣服旧了，可以将就穿；剩饭没有馊，可以将就吃……很多东西都可以将就，但唯独人的一生不能将就。虽然人的一生并没有我们想象的那么美好，但不要因为这些不如意而磨掉了自己有棱有角的意志力和行动力。不向命运屈服，不将就自己的人生，这样你才能更加高傲地活着，过上你想要的生活。

精致、精彩的生活，就是不妥协、不凑合、不将就。

（注：本节中的“我”系作者之一——赵艳伶）

第五章

必须为幸福留下一点印记

——让潜能在努力奋斗中激发

时间匆匆，人生短暂，我们都想为自己的幸福留下一点印记。其实，幸福离我们并不遥远，如果你不幸福，是因为你放弃了进取、丢弃了努力、关闭了大门、阻止它进入。很多时候，幸福并不是挂在嘴边就能实现的，而是需要你伸出双手去创造。很多人感觉自己得不到幸福，就是因为你想得太多、偏见太多，用头脑中的标准阻碍了自己追逐奋斗的潜能。当你付诸实际行动时，回头望去，你会发现其实幸福已经在你的人生路上留下了一道道印记，这些都是你不断奋斗的印证。

| 趁年轻，为梦想拼一拼 |

还记得海伦·凯勒的《假如给我三天光明》吗？海伦·凯勒希望自己能够获得三天时间去看看生活的这个世界，抓紧时间去做自己想做的事情。如果我们每个人都能像海伦·凯勒一样将接下来的每一天当作人生中的最后一天来看待，那么我们同样也会慎重思考："假如我们的生命只剩下最后一天，那么我们将会做什么？如何来过这弥足珍贵的一天？"

或许我们在最后一天会挨个给亲人、好友打电话告别，告诉他们我们有多么爱他们；或许在最后一天，我们想静静地看一下自己生活了多年的城市，以前工作太忙，每次都是匆匆来、匆匆去，从未仔细打量过这个城市；或许在最后一天，我们会陪在父母身边，与他们手握着手，静静地度过……

当我们在做出这些回答的时候，才会发现，其实这些都是自己想要做却还没做的事情。然而，还有很多类似的事情在自己原本能实现的时候并未去做，白白辜负了自己的大好时光。

时光对每个人都是公平的，不会因为你是纤弱的女人就放慢脚步等待你。我们与其在生命即将终结之时才思考如何过好余下的时间，不如在自己还年轻的时候，抓住青春，认真拼一拼？别等自己真的到了迟暮之年才悔恨不已！

所以，趁年轻，我们一定要为了自己的梦想拼一拼。

梦想是什么？梦想就是一种让你感到坚持就是幸福的东西。一个能够实现梦想的人，就是成功的人、幸福的人。只要心存梦想，幸福往往就会降临；只要心存梦想，机遇往往就会降临。如果我们能够在自己年轻的时候放弃原本的事业，去选择一条全新的、艰辛的道路成功攀上人生巅峰，那么即便再坎坷，我们也要努力为之一拼。

青春是很脆弱的东西，经不起岁月的摧残、时间的考验，更经不起我们浑浑噩噩地原地踏步。这就好比我们想瘦，却不去减肥，肥肉不会自己离开我们。要想获得精彩人生，不去拼一把，精彩的人生将与你无缘。所以，我们要将奋斗当成一种习惯，而不是三分钟热度，要知道，每一个你羡慕的精彩瞬间的背后，都是别人用心拼来的。与其羡慕别人的精彩与辉煌，为何不趁自己年轻拼一拼呢？

一个年轻人在30年前离开了自己的故乡，开始奔向自己的前途。他在动身前，先去拜访了本族的族长，请求指点。老族长正在练字，他听说本族有位后辈将要踏上人生的旅途，就写了3个字：不要怕。然后抬起头来，望着年轻人说："孩子，人生的秘诀就只有6个字，今天先告诉你三个，供你半生受用。"

于是年轻人拿着族长赠送的3个字，奋斗在人生路上，无论遇到任何艰难和坎坷，他都能勇敢面对。30年一晃就过去了。这时，从前的年轻人也已经人到中年，虽然在过去奋斗的这30年里他收获了一些成功，但也让他平添了很多伤心事。归程漫漫，到了家乡之后，他又去拜访那位族长。可是，等他到了族长家，才得知老人家在几年前已经去世了。出人意料的是，族长还给他留下了一封信，族长的家人取出了一个密封的信封对他说："这是族长生前特意交代留给你的，他说有一天你会再回来。"远离家乡多年的游子这才想起来，30年前他在这里得到了族长给的一半人生秘诀：不要怕。当他拆开信封时，发现里面赫然写着3个大字：不要悔。当看到族长留给他的这3个字后，这个人潸然泪下，他感慨于族长睿智的同时，也似乎悟到了人生的真谛。

族长给年轻人的六字人生秘诀是：不要怕，不要悔。这不仅是对年轻人的一种鞭策，更是对正处于年轻阶段的我们的一个重要启示：在我们的人生旅途中，也许刚开始的时候我们有一颗积极向上、敢于拼搏的心，但当我们真正踏上人生旅途的时候，各种艰难险境如约而至，让猝不及防的我们根本无法应对，很多人都是畏首畏尾，不敢前行。所以，在开始奋斗、拼搏的时候，我们要做的就是"不要怕"，勇往直前。但是人生路漫漫，有时我们会感到迷茫，有时我们会走错几步，也总有那么几件错事是无法避免的，这时候我们所要做的事情就是“不要悔”，继续前行。

所以，趁我们现在还年轻，人生之路还很长，路上还有很多精彩纷呈的事情等待与我们相遇，那为何不带着“不要怕”“不要悔”的心态去拼一拼呢？即便路上错几步又何妨？至少我们没有虚度自己的人生，在自己迟暮之年不会因为胆怯而悔恨，反而会因年轻时所有的奋斗而留下美好的记忆。

等出来的是命运，拼出来的才是幸福人生

当谈及“幸福”这个话题的时候，很多女人会说：“等我日后事业有成的时候，一定会很幸福。”“等我嫁给自己爱的人的时候，一定是最幸福的时候。”……

在这些人眼里，幸福都是等出来的，然而决定他们幸福的因素却是“飞黄腾达”“爱人”……所以，她们的幸福往往需要具备这些条件的时候才能实现。然而，这些条件难道是自己产生的吗？当然不是。“事业有成”是需要自己努力去获得的；“爱人”只有相互付出才会得到彼此的爱……可见，她们眼里的“幸福”归根结底还是需要通过自己的努力和奋斗才能获得。那些期望不去付出就收获幸福的人，最终等来的往往只能是失望和后悔。

农夫有一个弟弟。一天，他把弟弟带到农田里，指着其中一块田说：“这里可以种大豆。”又指着另一块田说：“这里可以种小麦。”之后，他便回到家里，每天向上帝祈祷。

一天晚上，上帝变成了农夫弟弟的模样来到庙里，农夫问弟弟：“你来这里干什么？”弟弟回答说：“我也来这里向上帝祈祷，虽然我开的布庄不用种地，但以上帝的力量足以使我的布庄生意火爆，让我发一笔横财，让我成为这个世界上最幸福的人。”农夫责怪弟弟：“哪儿有不劳而获就能发财的！”上帝变成的弟弟则反问道：“难道天底下有只靠祈祷而不用播种子就能丰收的吗？”

上帝的目的在于告知农夫：不靠自己的努力，只靠坐等上帝的帮助，是无法享受丰收时硕果累累的喜悦和幸福的。这样的结果，换来的只能是挨饿的命运。看来，一个人幸与不幸，最终还是由自己的心态和行动决定的，你所获得的幸福，是需要靠自己勤劳的双手去拼搏而换取的。

英国著名诗人威廉·柯珀说过：“真正的幸福来自全身心地投入到对我们目标的追求之中。”一个人，徒有追逐目标的想法，却没有实现目标的行动，幸福的大门终将不会打开。“九层之台，起于累土”，要想拥有幸福人生，必须不驰于空想，不骛于虚声，一步一个脚印，踏踏实实地干好自己的事。

有人会说：“我努力过、奋斗过，但也不一定就能成功收获幸福啊！”可是，你是否知道，如果你连尝试都不屑，那么你哪里来的实现梦想的机会？哪里会有成功收获幸福的机会？只有那些真正挣扎过的人，才有资格说自己是幸福或者不幸的，也只有真正进取过、奋斗过的人，才配拥有幸福。

人生就是在不同的阶段逢山开路，遇水搭桥。幸福，终归不是在默默不语和岿然不动中等待而来的。但凡等待幸福的人，就像是坐等天上掉馅饼的痴人，他们整天翘首以盼，最终等来的只有落空和失望。

反之，一个人如果能够抓住人生的每时每刻，善于在每一件小事中创造幸福，即使眼下没有腰缠万贯，没有飞黄腾达，但至少自己努力过，也会因为努力而在每一件小事中发现和找到快乐，并享受这种开心和快乐，这就是一种难能可贵的幸福。

> 犹太人说："这个世界上卖豆子的人应该是最快乐的，因为他们不必担心豆子卖不出去。"
>
> 假如他们的豆子卖不完，可以拿回家去磨成豆浆，再拿出来卖；如果豆浆卖不完，可以制成豆腐；豆腐卖不完，变硬了，就当作豆腐干来卖；而豆腐干卖不出去的话，就把豆腐干腌起来，变成腐乳。

犹太人获得财富的奥秘，也同样是一个人获得幸福的奥秘。在任何情况下，我们都不会陷入绝境，不会走投无路。在遇到困难和坎坷的时候，只要换一个心境，调整好心态，我们就可以发现无数种通往幸福人生的精彩选择。

要相信，不是幸福不眷顾你，而是你自己将幸福拒之门外。任何时候都不要忘记，幸福要靠自己去拼搏、去奋斗。女人，唯有奋斗出来的幸福最有味道，这种幸福能够让我们感受到安全。同时，这些奋斗出来的幸福会令我们回味无穷，让我们能够在人生的路上从容前行。

对自己狠一点，离成功才近一点

俗话说：“男人不狠，事业不稳；女人不狠，地位不稳。”其实，女人在任何时候都要对自己狠一点，这样不仅能保住自己的事业，保住自己的地位，还能让自己距离成功更进一步。

所谓狠一点，实际上就是对自己的要求再高一点，给自己定的目标再远一点，在付出实际行动的时候再努力一点。女人更需要这种狠劲，因为狠一点是一种骨气，能够让自己活出一种尊严和气节；狠一点是一种意志，能够坚定自己不达目的誓不罢休的决心。

纵观历史上的那些女政治家、企业家，无一不是“对自己狠一点”的成功典范。

格力集团董事长董明珠是商界赫赫有名的女企业家、女强人，她传奇的一生无不在证明对自己狠一点，离成功才近一点这个道理。她在做客央视节目《开讲啦》时特别提到“女人要对自己狠一点，狠一点才能真正实现自己的人生价值”。

在20世纪90年代初，当时36岁的董明珠刚刚开始下海做一名空调业务员，此时她就遇到了经销商拖欠40万债务的问题。虽然这件事与她并没有关系，但她却用自己的一股狠劲，下定决心要为公司讨回这笔款项。在之后的40多天里，她尝试过各种办法，经历了各种白眼和欺骗，最终追回了这笔本不由她负责的债务。

也因为这件事，她受到了上级的赏识，被提升为业务部部长，这时的她已经拥有了不小的权力。董明珠从董小姐到“铁娘子”，从一名普通的业务员到格力的董事长，她的人生达到了巅峰，但她却依然坚持“对自己狠一点，向着更大的成功迈进”。她每天只睡5个小时，不断向“牛人”学习，不断展现着自己的销售才能，不断践行“对自己狠一点”的理念。这也让她成为一个“对自己狠一点”的人，同时也成为一个“狠女人”。她从来不会因为家人、朋友的亲情、友情关系破坏自己的原则，给他们走后门。

向来以“狠”出名的董明珠，在成为格力集团董事长之后，依然扮演了一个“狠角色”，对公司上下的管理也都雷厉风行，对自己的员工和整个公司的文化“狠抓”“狠管”。在她的带领下，整个格力集团形成了一股“狠”的企业风气。尤其是在产品质检问题上，更是有过之而无不及。在格力的生产车间里，董明珠要求质检人员比例必须达到5：1，这样才能够更好地确保每一件产品质量合格。也正是这种狠劲，使得格力成为年销售额过亿的家电行业巨头，造就了格力集团的神话。

可见，董明珠的成功绝非偶然。董明珠成为赫赫有名的商界女强人，原因就在于能够时刻不忘“对自己狠一点”。

其实，没有哪个女人生来就是女强人，我们出生之后就在父母的呵护下成长，父母已然把我们当成了娇弱的公主。当我们渐渐长大、逐渐成熟时才发现，这个世界是残酷的，并不是所有人都能够像父母一样保护我们，并不是任何事情都能够在父母的庇护下做得顺风顺水。自己越长大，需要面对的事情越多：家庭压力、情感困惑、同事竞争、朋友疏远等。如果我们依然把自己当作那个娇弱的公主，那么所有的事情都会压过来，即便你满腔委屈都无法倾诉，即便满腹才华都无法施展，注定只能做个胆怯、退缩的失败者，就像咸鱼一般永远翻不了身。

如果一生都在这样的状态中度过，那么你的人生何其悲哀？此时，唯有对自己狠一点，困难才不能成为阻碍你成功以及走向幸福人生的障碍。

其实，遇到问题并不可怕，可怕的是你选择逃避。如果你能够每天清醒地认识到自己哪里存在不足，哪里做得不够好，是否对自己有所纵容，当你能够积极地反省并勇敢地驱逐内心的软弱的时候，此时你已经开始对自己“狠”起来了，你已经打开了走向成功、靠近幸福的大门。

女人的成功，很大一部分原因在于不让自己放纵，在于对自己的“狠”。这里分享一下女人需要对自己“狠”的几个方面：

对自己说“不”

女人要对自己狠，首先就要对自己有信心。任何时候都不要纵容自己懦弱、胆怯的一面，要用自己坚定的自制力作为苦难来临时的强心剂。在自己想放弃和逃避的时候，对自己大声说“不”，克服自己的畏难情绪，才能坚定地走到最后。

培养坚定的气质

很多时候，我们与成功失之交臂，就在于我们在面对困难的时候，并没有意志坚定地继续往前走，而是在依赖、自卑等心理作用下选择了退缩。如果你想在事业上有所成就，就必须突破这些心理，培养自己坚定的心理素质。很多成功女性身上都融合了这种坚定的气质，她们既表现出温柔、细腻的一面，又不失刚毅、果断、意志坚定的气质。这样，你才能在需要狠的时候果断地狠起来。

加强自我修炼

现代女性更加希望自己在职业道路上获得更大的发展，这样就必须加强自我修炼。冰心说过：“我们首先是人，然后才是女人。”所以，你在事业发展中需要具备双性优势。正因为自己是女人，更要通过自己的努力证明自己的能力。在这个现实而残酷的社会，你如果渴望成功，希望能够享受成功带来的喜悦，就需要激发自己“狠”的潜质，去全面提升自己的能力和素质。当你的能力、眼界、知识、经验达到质的飞跃的时候，也就是你能够随意发挥“狠劲”的时候。

女人一旦“狠起来”非常“可怕”，那是因为她们对于成功的渴望异常强烈。所以，女人对自己狠一点吧！干脆不扭捏，果断不拖拉，将自己的命运紧握手中，总有一天，你的“狠劲”会换来成功的回报。

| 今天流的汗水是明天成功的泪水 |

幸福是人们内心最深的渴望。我们拼命工作、努力生活，都是为了能够在自己的人生中留下一点幸福的印记。

然而，很多人通常看到的只是眼前的利益，所以常常被自己的目光短浅“卡死”。聪明的人懂得从过去挖宝，在成功或失败的经历中积累经验。生活的大师则常常从现在开始积聚强大的力量，为未来创造更多的荣耀和辉煌。在大师看来，今天的努力奋斗，必然会让自己在未来遇到更好的自己。

每个人都在奋斗的路上挥汗如雨，待到自己通过不懈奋斗到达幸福彼岸的时候，他们会回想起之前所经历的一切苦难、挫折、坎坷，然而这些都能被自己的坚强意志所征服。这个过程是痛苦的，但最终换来的结果是幸福、快乐的，所以他们为自己的成功流下了感动的泪水。然而，无论是劳累的汗水还是感动的泪水，都证明你已经成功到达了幸福的彼岸，过上了自己想要的生活。

有这样一个简单的小故事，足以给人意味深长的生命启示。

从前，有两个饥饿的人得到了一位长者的恩赐：一根鱼竿和一篓鲜活硕大的鱼。

其中一个人要了一篓鱼，另一个人要了一根鱼竿，于是他们分道扬镳了。得到鱼的人就用干柴原地搭起篝火煮起了鱼，他狼吞虎咽，还没有品出鲜鱼的肉香，转瞬间连鱼带汤就被他吃了个精光。不久他便饿死在空空的鱼篓旁边。

另一个人则提着鱼竿继续忍受饥饿，跋山涉水、满头大汗地一步步走到海边，当他看到不远处那片蔚蓝色的海洋时，虽然他已经饿得饥肠辘辘，但眼前的这片海给他带来了活下去的勇气和希望。当他用鱼竿钓到第一条鱼，并在篝火上煮好鱼准备吃的时候，他被自己之前不放弃的信念和毅力所感动，流下了幸福的泪水。几年以后，他一直以捕鱼为生，也因此盖起了房子，有了自己的家庭、子女，有了自己建造的渔船，过上了幸福安康的生活。

两个人有相同的起点，都是饥饿难耐的人，但最终的结果却戏剧性地大相径庭：一个人只顾眼前的利益，得到的终将是短暂的欢愉；另一个人目标高远，最终获得了生机，拥有了美满幸福的生活。

很多人在开始的时候，与别人起点相同，但走着走着，人生方向产生了差异，所体现出的个人价值也大不相同。其实关键就在于最初选择的是安逸还是努力，是否在开始就扼住了命运的咽喉，做了命运的主人。

人人都说“女人如花”，要想让自己的人生绽放出更加绚烂的花，还需要牢牢把握今天。因为昨天已经是燃过的灰烬，明天还是待燃的柴薪，只有今天才是熊熊的烈火，只有今天才最值得我们把握。女人要牢记，今天的努力决定你明天的样子。成功不是将来才有的，而是从今天开始做决定的那一刻起持续积累而成的。

胡适曾经讲过：“天下没有白费的努力。但是你必须在成功来临之前一路保持努力的行动，要有破釜沉舟、背水一战的决心，要有不达目的誓不罢休的霸气，要有不到黄河心不死的决绝。”所以，我们今天要么不开始，要么开始就努力到成功。不要让自己的努力白费，不要让自己的汗水白流。撑住，才会有后来的美好。

回想起刚创建DS品牌的时候，我们三个创始人已经完全脱离了娇滴滴的女人的角色，蜕变成人们眼中为事业疯狂的女汉子，但个中滋味唯有自知了。

刚开始拓展市场时，由于人手有限，我们三位创始人都是身兼数职，很多时候要同步赶往不同的外地客户那里。

有一次，我独自带着一箱子产品去拜访吉林的客户。到达吉林火车站之后才得知距离客户的镇子还有一百公里的路程。

此时天色已晚，我有些不知所措。这时走来一位40多岁的男子，自称可以顺路带我到要去的镇子。我跟着这个男子拐了两个弯，到了一个小房子里，男子让我在屋子里等，他去开车。我环顾了一下房子四周，屋子又脏又乱，里面只有一张破桌子和几把烂椅子。还没等我回过神来，就进来两名中年妇女，招呼我打扑克。

我开始警觉起来，脑中思忖着，这帮人到底是干什么的？是想要财还是想贩卖人口？

想到这里，自己吓出一身冷汗，趁两名中年妇女拿扑克的空档，我慢慢挪到门口，猛一把拉开门，撒腿就跑，拉杆箱里面上万元的产品自始至终没有离开过自己。我像踩了风火轮一样，越跑越快，只听见两个妇女的声音渐行渐远：“回来！你给我回来！”

跑到路边的我迅速拦下一辆出租车，钻进车里才彻底安了心。虽然长途打的很贵，但比起遇到坏人来说，又算得了什么呢？

到了小镇已是半夜，我只好先找宾馆住下来。这一宿，我一直辗转反侧，想起在火车站的经历，后背一直冒冷汗。

好不容易等到天亮，我终于见到了客户。但这位店主了解了产品价格之后，并不接受我带来的产品，而是打发我赶紧离开。我并没有心灰意冷，而是强忍着委屈，央求店主给自己一个试试的机会。就这样，利用7天的时间，我顺利地售出10多件DS产品，帮助这位店主获利3000多元，直逼店面一个月的营业收入。

尝到甜头的店主很爽快地签了吉林省的总代理，并迅速在吉林开辟了40多个经销点。从此，吉林成为DS品牌的主要阵地之一。

每每回忆起这次吉林之旅，我百感交集，既有心酸，又有委屈，既幸运，又喜悦。我知道，只有不怕艰辛，砥砺前行，才会战胜强大的阻力，最终换来成功的泪水。

有的人一直遗憾自己曾经失去的，整日浑浑噩噩、无所事事，然而这样终会让你的今天成为明天的遗憾，周而复始，直到生命的终点。如果你能抓住今天的机遇，为更好的明天冲刺，即便痛过、累过、流过血、流过汗，也会毫无怨言。而那些只会幻想明天的美好，却不在今天采取行动的人，永远也体会不到收获果实时带给你的真正喜悦。

生活中，我们如果能够在面对苦难时意志力坚定些，将这些坎坷视为对自我的一种考验，就能欣然接受它，并付诸实际行动，收获美好的明天。要知道，人生道路中缺少的不是机遇，而是我们对机遇的把握；我们欠缺的不是财富，而是创造财富的本领；我们缺乏的不是知识，而是学而不厌的态度；我们缺少的不是理想，而是身体力行的实践。

只要我们不惜流汗、流血，就会战胜许多强大的阻力，最终换来成功后喜悦的泪水，迎接我们的就是美好、幸福的明天。

（注：本节中的“我”系作者之一——韩银平）

第六章

事业是幸福女人自信的最大来源

——爱情可以与事业花开并蒂

在现代社会中，能够从家庭中走出来，走向社会，走向职场，运筹帷幄、游刃有余的女人，是优秀的女人，是受欢迎的女人。这样的女人在任何时候都对自己的人生充满了自信，对生活充满了热情。

其实，对于女人而言，爱情和事业并不是两个矛盾的方面，那些在职场中叱咤风云的女人，更加深谙为人处世之道，对于人与人之间的关系和情感能够处理得更好、更和谐。基于这些，她们能够更好地经营自己的爱情，让爱情与事业花开并蒂。

事业让梦想照亮现实

只要持有一颗热爱生活的心，我们就能够顺着自己的梦想创造生命中的美丽；只要拥有积极的心态，我们就可能实现人生的追求；只要执着于自己的梦想，我们就能创造出生命中最美妙的乐章。一个女人，只要心中有梦想，只要肯用自己勤劳的双手投入事业当中，梦想迟早会离你越来越近。

很多女人在找工作的时候，往往倾向于一些简单的、没有技术含量的工作，而工作的难易程度往往是与薪金的多少挂钩的，工作越简单、越轻松，则薪金越少。这样的选择，仔细想来其实也不难理解。她们在找工作的时候是按照压力大小顺序来选择的，而压力的大小与薪资的高低是成正比的。她们即便赚钱少、升职机会小、发展空间小，也都希望找一个压力小、稳定、清闲的工作。

很多女人确实年轻、貌美、形象可人，但这很有可能给她们的未来带来麻烦。

或许，她们根本没有强烈的事业心，更没有通过事业让梦想照亮现实的想法。她们往往在最能拼搏、最能奋斗的年纪谈恋爱，因为她们的计划是30岁之前结婚生子，所以打扮、交友对于她们来讲是最重要的事情。当然，享受当下的青春快乐时光，对于她们来说是最具吸引力的，即便请假、辞职也从不当回事。

如果她们在30岁之前如愿嫁给了一个有钱的或是有潜力的男人，这个男人之所以娶她，往往是因为她们此时花开正艳。然而，她们却从未意识到，花终有败谢之时。

老公事业发展得顺风顺水，于是她们听了老公的话辞职回家，相夫教子，做起了全职太太。对于这样的女人而言，她们的事业几乎就此结束。

此时，全家人的经济重担都落在丈夫身上，丈夫在事业上不断地努力和学习，随着业务关系的不断往来，他们的素质提高了，职位和薪资也提升了，朋友圈也越来越大，社会地位也得到了很大的提升。而婚后的女人却整天因家庭琐事而忙碌，在职的时候什么都没学到，也没有真正潜心于任何行业，没有一技之长。丈夫的不断进步，恰好与她们的原地踏步形成了鲜明的对比，这时候就是这些女人悲惨生活的开始。其实，这种悲惨生活在她们还年轻的时候就已经埋下了隐患，这些女人最终的结局很有可能就是以婚姻失败告终。此时，她们过上繁花似锦生活的梦想也成了泡影。

有事业心的女人，她们无时无刻不在丰富着自己的人生。爱情、享乐并不是她们生活的全部，她与心爱的男人结婚、生子，这对于她们的整个人生旅程来讲只是一处小小的风景。在短暂小憩之后，她们会更加精力充沛地投身于自己热爱的事业当中，为自己繁花似锦的人生梦想得以实现而奋斗不息。

前段时间热播的一部电视剧《我的前半生》，其中马伊琍饰演的女主角罗子君就是一个十分鲜活的例子。

阔太太罗子君因为丈夫的一句承诺，即“你负责貌美如花，我负责赚钱养家”而沦落为一个彻彻底底的家庭主妇。逛街喝茶、护肤保养成为她每天打发时间的主要方式，然而除了这些，她已经“退化”得什么都不会了。

在安逸地享受了八年的家庭主妇生活之后，罗子君已然完全与社会脱轨。当她自以为生活很美好的时候，突然有一天早上老公冷冷地说“我们离婚吧”，理由是“我爱上了别人，而且是无可救药地爱上了，只要离婚，什么条件都愿意”。

生活给了她狠狠一巴掌，消沉过后，罗子君决定绝地重生。罗子君从未想过自己能够成为服务员、营业员、大型公司职员，然而经过自己的努力，罗子君用自己的实际行动见证了自己的可塑性：可以从离婚时低到尘土里的卑微状态，一步步成长为一位经济独立的新时代女性。

虽说是电视剧，但“艺术源于生活”，在千千万万个家庭中，出现剧中的情节也是合情合理的。现实生活中自然也或多或少会出现像罗子君这样的女性，原本以为自己生下来就能够成为豪门太太，却被一击打回了“原形”，甚至不得不过上更加悲惨的生活。显然，婚姻生活中，一个“以夫为天”、放弃自己事业的女人最终的下场往往都比较惨，享受生活的梦想也最终幻灭。

其实，一个在事业上有追求的女人，在人们的眼里是非常有魅力的，这种魅力是那么厚重。她辛勤工作的身影和随时洋溢的才华那么迷人，那么禁得起岁月的推敲。这样的女人，在自己的不断奋斗下，最终才能实现自己的人生梦想。这样的女人才是最幸福的女人。

女人，如果老天对你不够疼爱，百般设障，请不要磨灭了自己的信心和为实现人生梦想而奋斗的勇气。如果老天善待你，给了你能干的丈夫和优越的生活，请不要收敛自己的斗志、放弃自己的事业。一个女人，能够忠于自己一生的，只有自己的事业，只要奋力拼搏，你不放弃，它便不抛弃你；一个女人，能够让自己的梦想照亮现实的，只有自己的事业，只要你勇敢向前，永不止步，谁也不能阻止你。

成功就是简单的事情重复做

有这样一个小故事：

在一位全国著名的推销大师即将告别推销生涯的最后演说大会上，人们焦急地等待着这位伟大的推销员开始精彩的演讲。当大幕徐徐拉开，舞台中央悬挂着一个大铁球，此时白发苍苍的推销大师正站立在铁球一旁，身前还摆放着一个大铁锤。正当人们惊奇地揣测着他的下一步举动的时候，推销大师开口了。

"下面有谁愿意用这个大铁锤帮我把悬挂的铁球敲打得摇动起来？"

话音刚落，一个年轻人便走上台举起大铁锤，向铁球打去，发出一声声震耳的敲打声，他累得气喘吁吁，却不见任何功效。紧接着，不甘示弱的人们一个接一个地拿过大铁锤敲打铁球，可是全都无功而返。台下变得鸦雀无声，等待推销大师做出解释。但是推销大师并没有开口解释，而是从上衣口袋里掏出一个小铁锤，对着铁球一下下缓缓地敲去。时间就在这种单调、重复的缓慢动作中飞逝，十分钟、二十分钟……

会场中人们开始骚动起来，甚至有人开始叫骂："啊，够了，这个举动简直像个白痴！""还有完没完啊？"……可是，大师仍然若无其事地继续敲打。就这样四十分钟过去了，坐在最前面的一个妇女突然发出了一声尖叫："天啊，球动了！球竟然动啦！"霎时间，会场上所有人的目光都汇集在那个铁球上。铁球竟然出现了轻微的摆动，推销大师没有停止敲击，直到铁球在舞台中央越荡越高，它的巨大威力强烈地震撼了会场中的每一个人。"真让人难以置信！""简直就是奇迹。"终于，在人们的掌声中，大师停止了敲打，开口讲话了，他只说了一句话："很多人问我，如何能成为一名享誉四海的伟大推销员，其实正如你们所看到的一样，成功其实并不难，就是简单的事情重复做。"

推销大师用自己的实际行动告诉人们成功的秘诀。的确，有的时候成功就是这么简单，只要能坚持将"简单的事情重复做"，我们就会接近甚至抵达成功的彼岸。

在生活中，很多人认为成功对自己来说很难、很遥远，成功要付出很多，要想收获成功就会很痛苦，所以就索性放弃了对成功的追求，也因此错失了一次次机会。实际上，只要我们细心观察身边的人和事，就会惊奇地发现，那些能够取得成功的人，并不是他们天生就是幸运儿，而是经过千锤百炼之后才跨进了成功的殿堂。

一个人能够养成一种习惯，是将一件简单的事情重复做了很多次之后才形成的。比如每天刷牙洗脸这件事，我们从小就开始做，一直坚持不懈，这样一如既往地坚持下去，自然就不会像最初那样认为刷牙是多么难的事情，也成功地保持了这一习惯。现在，如果不刷牙、不洗脸反而觉得不舒服了。

如果我们能够把一件事情不厌其烦地重复做上千次，可能就会让那件事形成每天洗脸刷牙一样的条件反射。当再次遇到同样的事情的时候，我们就会按照已经渗入骨髓的意识和反应去完成这件事。

所以，你如果想成为自己喜欢的行业里的一名行家，就需要不停地重复你所熟悉的工作内容，熟练到闭眼也知道怎么去做，并熟知每一个环节应当注意什么。当这种熟悉能够通过你重复的动作生成一种自然而然的反应时，你离成功就很近了。

在公司初创的艰难时期，我们几个创始人的重要工作是做行销。我们深知创业的艰难与不易，所以在推销产品的时候自然也是做出十二分的努力，尽力将更多的产品推销出去。当时，我们为了让产品快速在市场中占领一席之地，四处寻找合作店铺。

在经过几番走访和查看之后，我发现一家内衣店的客流量十分可观，于是就千方百计地说服了店老板答应与公司合作，在店内销售我们公司的内衣产品。当然，我也和以往一样，自己在店里做导购，一来为了让店老板消除对与公司合作能否有市场前景的疑虑，二来能够通过自己的努力将更多的产品推向市场，走进广大女性消费者的心中。

每次有顾客进店，我都满面笑容地迎上去，询问顾客的需求，为顾客推荐更加适合她的内衣产品，并不厌其烦地为她们试穿。虽然有时候前前后后忙活了半天，那些顽固型的顾客总会坚持内心的想法，只认自己听过或在广告上看过的品牌，对我们公司这样初出茅庐的新品并不买账，给出的理由是“并不了解你们的产品”“根本没听过市场上有这样的牌子”，并毫不犹豫地扭头就走，然而，这一次次的失败丝毫没有影响我继续耐心服务的态度和心情。

一天，店里进来一位看上去着装朴素却得体大方的女士，虽然面容没有多加修饰，却能看出她的皮肤白皙、健康，能感受到她强大的气场。这一切都说明这位顾客平时注重保养，很注重生活品质，而不是流于外在的奢华。

我还是像往常一样带着微笑迎上前去，在跟这位顾客攀谈之后，顾客认为我很随和，有一种平易近人的感觉，于是我趁机向顾客讲了一些美体塑形的观念。听了我的一席话之后，顾客对我非常认可，并向我吐露了自己的心声和苦恼：“我现在虽然整体上保养得不错，但自从生了孩子之后，明显感觉身材大不如前。”听到这位女士的诉求，我便大胆地向她推荐了一款强效塑形内衣，并征求对方的意见：“一看您就是对自己有要求的人。您看我们这款产品，非常适合产后想要进行身材微调的女性，不但穿着美观，而且还带有磁疗功能，在为您塑造美丽形体的同时，还能保证您的健康。要不您试穿感受一下？买不买没关系，只要能给您传递一种美体塑形的理念，能够让您知道什么样的内衣是对自己的健康有利的、是对身材保养有益处的，也算是我做了一次健康公益活动。”我调侃道。

“你这姑娘，人家都是劝买的，你在这里跟我讲了半天健康保养知识，却对卖不卖产品毫不在意呢？来，帮我拿一件试一下吧！”我热情地为她提手里的购物袋，并为她递上一根皮筋，“这个皮筋给您，或许您试衣的时候，为了防止撕扯到头发，会用到。”这位顾客看了看我，脸上泛起了感谢的笑容。

等到试穿完毕之后，顾客就喜欢上了这件产品，再加上我对她热情的服务，便示意要买单。让我惊讶的是，她还说要给自己的姐妹、亲戚带几件，这位顾客一次性买了4500多块钱的内衣。

事后，我还经常与这位女士联系，进行回访，并对售后建议及时反馈。如今，我与这位客户已经跨越了最初的客户关系，成了经常往来和联系的好朋友。“朋友多了路好走”，我正是通过自己不断重复为每位顾客进行看似简单却细致入微的服务，才感动了顾客，在成功售卖了产品、开拓了市场的同时，也成功收获了友谊。

市场拓展工作让我明白了：市场上并不缺客户，缺的是销售人员的那份执着和坚持，只是早买和晚买的区别。而在一遍遍为客户服务的过程中，当顾客想买时，你正好在她身边。顾客在哪里，市场就在哪里。简单的事情重复做，重复的事情坚持做，成功获客是必然的结果。

然而，简单的事情重复做这个道理看似人人都懂，但真正放到现实生活中却很少有人能做到。虽然我们在重复做同一件事情的时候，并不能每次都让客户认可，每次都让我们收获成功的喜悦，但至少每次我们都用心做了，即便失败也问心无愧。

简单的事情重复做，你就是行家；简单的事情用心做，你就是赢家。有些事情，我们越是觉得简单，就越要坚持去做。如果连简单的事情都做不好，那么复杂的事情我们又如何能胜任？很多时候，我们的人生就输在了对简单的不屑上。没有量的积累，如何能获得质的突破？

所以，用心重复做简单的事，你也可以成功。

（注：本节中的“我”系作者之一——韩银平）

信任是奋斗路上的宝贵财富

很多身处逆境、无法舒展笑容的人总是仰天抱怨自己遇人不淑、付出那么多却没有得到回应、自己的一番好意常常被人辜负。其实，人与人的相处是很艰难的，人生路上没有永恒不变的信条，也没有人生指南，能不能让自己的一生过得幸福、过得有价值，全靠自己去衡量。但有一样东西是不会被辜负的，那便是信任。

信任能拉近人与人之间的距离，信任别人是一种胆识，也是一种财富；被别人信任是一种幸运，也是一种幸福。如果你拥有信任，就要把它分给别人，和别人一同分享。信任是一种财富，只要你不断地施舍给别人，不断地把它送出去，你能得到的信任就越多。所以，选择要不要相信一个人，就好比在做一项投资，赚回来的越多你就越幸福。

一艘货轮在浩瀚无边的大海上航行。船尾有个黑人小孩正在做勤杂工作，却一不小心掉进了深不见底的海水里。他大喊救命，但海上风大浪急，船上谁也没听到他的呼喊声，他眼睁睁地看着自己离货轮越来越远。

在求生本能的驱使下，他在冰冷的海水里拼命地向货轮行驶的方向游去。但无奈，他怎能凭借四肢的力量追上货轮呢？他用尽了全身的力气，努力把头伸出水面，看着货轮离自己远去。货轮在自己的视线里变得越来越小，后来变成了一个点，最后消失在这片汪洋大海中。他的力气也在此时用尽了，实在游不动了，他已经感觉到自己的身体正在下沉。此时他觉得自己可能要葬身在这大海中了。正准备放弃的一刹那，他想起了老船长那慈祥的脸庞和友善的眼神。“不，我相信老船长会来救我的！”想到这里，他又鼓起勇气，使出最后的力气朝着货轮行驶的方向游去。

船长终于发现黑人孩子失踪了，当他断定孩子是掉进海里后，立刻下令返回去找孩子。这个时候有人规劝道：“都过去这么长时间了，或许那孩子已经被鲨鱼吃掉了。”此时船长有些犹豫了，但还是决定回去找。又有人说：“都走了这么远了，为了一个黑人孩子耽误返航时间，值得吗？”船长大喝一声：“住嘴！”于是他在黑人孩子要沉下去的最后时刻出现了，救起了孩子。

孩子苏醒后，感谢船长的救命之恩。船长问孩子：“孩子，你是怎么坚持那么长时间的？”孩子回答：“因为我知道您一定会回来救我的，一定会。”船长听后又问：“你怎么那么肯定我会回来救你？”“因为我知道您是那样的人！”听了孩子的话，白发苍苍的船长竟然泪流满面地说：“孩子，不是我救了你，而是你救了我啊！我为我在那一刻的犹豫而感到耻辱……”

正是基于“信任”，黑人孩子笃定老船长一定会回来救他，才让他有勇气在精疲力尽的时候还能坚持那么久，最终赢得了活下来的机会；而对于老船长来讲，孩子能在最绝望的时候想起自己，相信自己会来营救，让老船长感动不已，认为被人信任是一种幸福。可见，在孩子和老船长看来，信任都是人生中难能可贵的一种幸福，同时也是一种巨大的、多少金钱都无法比拟的无形财富。

信任一个人，就等于收起了自己的防备，因为觉得可靠，才会毫不戒备、放松警惕；因为看重，才会敞开心扉，大胆做自己喜欢的事情。只有时刻心存信任的人，才能在别人都放弃前进的时候看准目标继续前行，才能在一片唏嘘声中继续发力，用实际成效证明自己，才能在前途迷茫的时候另辟蹊径获得人生财富。

然而，信任有时候也是极其脆弱的，经不起欺骗和伤害，哪怕只有一次也能让信任彻底土崩瓦解。如果我们把财富堆成一个金字塔的话，信任应该是塔基，当这个塔基动摇或者消失时，整个财富金字塔都会瞬间分崩离析。

有人说："信任就像一张纸，皱了，即使抚平，也恢复不了原样"。所以，珍惜你所得到的信任，不要欺骗和伤害那个愿意相信你的人，不要让他对你失望。

不为金钱工作，而用使命掌舵

每个人来到世上，都有一定的使命，否则来到这个世界上便没有任何意义。有的人在平凡的位置上奉献着自己的能量和智慧，有的人在命运的风浪里绽放耀眼的光芒。如果我们仅仅是为了满足简单的衣食住行的需求、为了拥有丰厚的金钱做为享乐人生的资本，那么我们的人生将在索然无味中度过。

对于工作也是这个道理。如果我们整日埋头工作，只是为了糊口，或者让自己的生活变得富有，那么我们的人生意义就会被限制在一个狭小的范围内。一个探险家，说自己探险是为了能够把脚印留在人类还没有踏过的地方；另一个探险家说，自己探险的目的是填补地图的空白。为了人类能够到达更远的地方，他们宁愿历尽千辛万苦。这就是他们的使命，为了这个使命，他们甘愿付出自己的一生。

所以，使命感是一切行为的出发点。基于这种使命感，人们知道自己接下来要做什么，要实现什么目标。否则，一切使命感都是流于口头的空谈。

这里有这样一个引人深思的小故事。

有一位老教授对学生做了一个测试。他问学生："如果你去山上砍树，正好有两棵，一棵粗壮，一棵细小，你会选择砍哪一棵？"问题一出，大家都异口同声地回答："当然砍粗壮的了。"老教授笑一笑，又问道："那棵粗壮的不过是一棵普通的白杨树，而那棵细小的却是红松，现在你们如何选择？"学生们想了想，红松比杨树珍贵，于是回答："选择红松，杨树不值钱！"

老教授带着不变的微笑看着学生，继续问道："那如果杨树是笔直的，而红松却七歪八扭的呢？""这样的话，还是砍杨树好了，至少杨树是笔直的，而弯弯曲曲的红松什么都做不了！"老教授目光闪烁，又加了个附加条件："杨树虽然笔直，但由于年头太久，中间很多地方空了，你们会怎么选择？"

大家一头雾水，搞不懂老教授葫芦里卖的什么药，但给出的回答还是选择砍红松，因为杨树更没用。老教授不容喘息地又问："可是杨树上有个鸟巢，几只幼鸟正躲在巢中，你们会如何选择？"

终于有人按捺不住了，问道："教授，您到底想告诉我们什么呢？您在测试什么呢？"老教授收起了笑容，说道："你们怎么没人问，到底为什么要砍树呢？虽然我给出的条件在不断变化，但最终的结果取决于你们最初的动机。如果想要砍来做柴用，你就砍杨树；想做工艺品，就砍红松。你们当然不会无缘无故地提着斧头上山砍树啊。”

这个故事给我们很多启示：很多人在路上走得太久了，竟然忘记了自己当初为何上路。人这一辈子，上班也好，做生意也罢，赚钱的目的是什么呢？要知道，有目标的人生叫航程，没有目标的人生叫流浪。

在最初创业念头闪动的那一刻，也许我们是为了能让跟着我们一起奋斗的团队成员过上富足、美满的生活。后来在经历了一段艰难的创业时期之后，我更意识到女人创业的艰辛、生活的不易，更重要的是女人的健康问题不能忽视，所以我认为自己的人生使命并不在于为金钱而工作，而应当把格局放大，用使命来掌舵，让自己的事业远航。如今，我们这个创业团队正肩负着这个伟大的使命，承载着更多女性的梦想不断奋斗着。

人生经历得越多，看得就越远，明白得也就越多。多年来的打拼，让我成长了很多，也有了更多的感触：具有强烈使命感的人不会被动地等待工作任务的来临，而是会积极主动地寻找自己接下来的目标；不是被动地完成工作要求，而是积极主动地去研究、改变所处的环境，累积成功的力量。作为一个领导者，一定要引发自己的使命感去工作，而不是为了显示当老板的荣耀，不是单纯地为了赚取一份丰厚的薪水而工作。

比尔·盖茨曾说过这样一句让人振奋的话：“我不是在为金钱工作，

钱让我感到很累。工作中获得的成就感和体现出来的使命感才是我真正在意的。”正是有了这样宽广的胸怀和崇高的境界，才使得比尔·盖茨收获了让人羡慕不已的、一生都花不完的财富。

现代社会，很多人把工作的目的都想得很简单，认为工作就是为了赚钱，养家糊口、谋求生存。但这些仅仅是基于最基本的生活需求而工作，如果每个人都把自己努力工作的目标定于此，认为这就是工作的本来面目，那么世界首富比尔·盖茨为何还要继续工作？华人首富李嘉诚为何还要工作？他们对于工作的努力程度一直都不曾减少过。答案很简单，他们工作的目的并不只是赚钱，而是为了让人敬仰的崇高使命。世界上绝大多数的百年企业、跨国企业，都有自己的使命。那些成功的企业家，正是由于他们心存伟大的使命和异于常人的金钱价值观，才让他们的人生和事业更有意义。

人的一生，最好的工作就是去找一份适当的工作、从事一份有意义的事业，让自己的人生更加丰富多彩；人的一生，最大的使命就是找出自己的使命，活出自己的人生。一个人要有自己的使命，不仅是为了自己能够有更好的发展方向、更足的干劲、更高的目标、更完美的人生，而且当你可以肩负起自己的使命前行时，就可以散播你的影响力来造福别人，让更多的人可以跟你一样活得更好、更加有意义。要知道，你每前进一小步，就有可能带动别人前进一大步。

为使命而工作收获的将是无限的快乐，为金钱而工作换来的是沉重的负担。如果想让自己的人生充满丰富的色彩，就不要为金钱工作，不要一辈子成为金钱的奴隶，而要用使命为自己的人生掌舵，也为别人的人生开辟一条光明坦途。

人活着就是为了使命。为了你的使命，快乐地去工作，你将成为这个世界上最幸福的人。

（注：本节中的“我”系作者之一——赵晴）

第七章

繁华时不忘形，平淡时不消沉

——追求幸福的脚步永不停歇

人生，总是在走上坡路时需要低头，在走下坡路时需要抬头。没有谁的一生能一帆风顺，有得意之时，也会有失意之时。我们既要懂得珍惜，又要懂得谦卑。在蒸蒸日上之际，切勿骄傲自满，忘了来路的艰辛。在遇到失意之时，更要学会用积极的心态去看待前路的坎坷，以积极进取的精神继续追求，切勿消沉不前。正所谓“得意时不忘形，失意时不消沉”。不以物喜，不以己悲，才是人生的幸福之道。

一切苦难都是纸老虎

人生中，无论得失还是沉浮，都是我们难以预料的，很多事情也不是我们选择逃避就能够逃避的。无论我们多么努力，也都会有不如意的时候。生命中，即便是遗憾、失败、苦难，也都是生命旅途中的一道风景。

苦难对于懦弱者来说，是前路的绊脚石；对于坚强者来说，是通向成功的垫脚石。一棵小草不能在风吹雨打之后变成大树，但一个平凡者却可以在经历苦难之后成为一个超凡脱俗的人。

苦难是一种人生经历，这种经历虽然让我们内心伤痛，但只要我们勇于奋起打破这种苦难，便没有比眼前苦难的境遇更让人沉重的了，甚至还会赢得另一番繁花似锦的景象。要相信，一切苦难都是纸老虎，带着自信坦然面对并迎接挑战，你会发现其实这些都是上天赐予我们的最好的礼物。

古今中外，凡成大事者，都能扛得住苦难的折磨。就像是在天空中自由翱翔的雄鹰，要想获得生命的蜕变，就必须接受难以忍受的苦难一样。一只鹰通常能活70岁，往往要在它40岁之前经历苦难的折磨之后才能实现自身的蜕变。一旦过了这个年龄，羽毛过厚，翅膀就变得非常沉重，力气也不够；它原本锋利如钢的爪子也会因为老化而抓不住猎物；它锐利而漂亮的喙也会逐渐生长得顶到胸膛，成为累赘。到了这种程度，如果这只鹰依然不做出改变，那么等待它的就只有死亡。

然而，如果它能够做好承受苦难的准备，并且持续吃苦练习，敢于从高高的悬崖上摔下，提升自己飞行的能力；敢于用喙撞击坚硬的岩石，直到将喙撞得完全脱落为止；等到新喙长出来，还要敢于用喙啄掉自己老化的爪子上的指甲以及翅膀上苍老的羽毛。可以想象，这些更像是一种让人难以忍受的酷刑。但在这种极端的酷刑之下，它才能真正得到重生。

老鹰用这种艰苦卓绝的方式，在苦难中获得了蜕变，同时也获得了更长的寿命。动物如此，人何以堪？

没有谁的一生是在顺境中度过的，每个人都要经历生老病死的关卡，也不可能在事业、爱情、健康、家庭方面一帆风顺。不顺心、不如意的事情总会与你不期而遇。这个时候，其实正是上天考验你的时候，如果你想赢得更大的机会，就需要积极面对、勇于挑战，那么这些挫折和苦难终将是灌溉成功的养分。如果一个人从来没有经历过苦难，那么他很可能是非常脆弱的和不堪一击的，唯有经历一番挫折和苦难，才能练就自己的坚强和勇敢。

罗曼·罗兰曾说过：“累累的伤痕就是生命给你的最好的东西。因为在每个创伤上面都标志着前进的一步。”当遭遇困难和挫折的时候，也是你成长的开始，你遇到的挫折和苦难越多，成长得就越迅速。挫折与苦难对有志者来说更是一笔宝贵的财富，“不经一番寒彻骨，哪得梅花扑鼻香”。

有这样一个小故事：

一个屡屡失意的年轻人，千里迢迢来到了普济寺找释圆和尚。他问释圆和尚：“像我这样屡屡失意的人，活着还有何用呢？”释圆和尚静静地听着他的叹息，什么也没说，只是吩咐小和尚：“施主远道而来，烧一壶温水送过来。”过了一会儿，小和尚把水送来了，释圆和尚抓了一把茶叶放进杯子，然后用这温水冲茶。释圆和尚将茶杯放在年轻人面前，微微一笑说：“施主请用茶。”这位年轻人看了看杯子，只见杯里微微飘出几缕水汽，茶叶静静地浮在水面上。年轻人不解地问道：“贵寺难道只用温水冲茶吗？”释圆和尚并未作答，只是示意年轻人喝茶。年轻人只好端起茶杯喝了两口。释圆和尚问道：“请问施主，这温水冲的茶可香？”年轻人若有所思地又喝了两口，仔细品了一下，摇了摇头说：“这是什么茶？一点茶香都没有呢？”年轻人一听是上好的铁观音，于是又细细品味了一下，但还是没有任何茶香。

释圆和尚这时又让小和尚去烧一壶沸水过来。一会儿，小和尚拎着一壶沸水走来。释圆和尚又取了一个杯子，抓了一把同样的茶叶放进去，然后往杯子里倒入沸水，放到了年轻人面前。年轻人身子微微向前倾，看到那些茶叶在杯子里上下浮动，并且有一丝细微的清香从茶杯中袅袅飘来。

此时，年轻人闻着茶香，便情不自禁地端起了茶杯，正准备要喝时，释圆和尚说道："施主且慢。"说着又向茶杯里注了一些水，此时茶杯里的水将满，年轻人再看看茶杯，发现茶叶翻腾得更厉害了，同时一缕更加醇厚醉人的茶香扑鼻而来，弥漫了整个禅房。

释圆和尚问年轻人："施主可知道，这铁观音为什么茶味不同呢？"年轻人回答："水温不同的原因吧？"释圆和尚微微一笑："用的水不同，则茶叶上下沉浮就不同。用温水沏茶时，茶叶浮在水上，没有沉浮，怎么会散发出茶香呢？而用沸水冲茶时，冲一次，茶叶就沉浮一次，最后释放出来的自然是沁人心脾的茶香。"

其实，我们的人生又何尝不是沸水冲出的上下沉浮、翻腾的茶叶呢？那些未经历人间风雨的人，就像温水冲茶一样，不会有清香四溢、丰富多彩的人生；而那些饱经沧桑的人，却要受到苦难的一次次折磨，就好像是被沸水冲过的茶叶一样，在煎熬中沉浮，最终散发出他们生命中的缕缕清香。

稻盛和夫曾经说过："苦难和成功都是考验。"所以，在苦难来临的时候，我们是否能够像雨后彩虹一般获得绚丽多彩的人生，关键在于我们能否经得住考验，在于我们如何正确面对和处理眼前的苦难。在遭遇挫折和苦难的时候，我们不应满腹牢骚，更不要怨天尤人，而是要经受住考验，坚持奋斗，一点点积蓄自己的力量，最终将逆境翻转为顺境。

此时，你再回头望去便会发现，其实苦难并不可怕，只要迎面而上，经得住苦难的考验，苦难便会像纸老虎一样被戳破。一切苦难终会过去，战胜苦难所取得的成功正是苦难带给你的最好的礼物。让我们学会带着自信和勇敢去面对人生中的各种挑战，这样，我们的生活才能变得更加美好和幸福。

| 内心强大，才能傲视一切 |

在很多人眼中，女人是与柔弱、脆弱、纤弱等“弱”字相关联的群体。而有些女人在遇到事情的时候，就做了“弱女子”，理所当然地想要获得别人的呵护与保护。这样的女人的内心显然不够强大。

一个女人可以在被呵护和保护的屏障中成长，但长大后就不得不独自面对各种困难和险阻。此时如果女人的内心不够强大，就会受到刺激，甚至因自己的脆弱而受到伤害。所以，一个女孩成长为一个女人时，要想立足于社会，没有强大的内心是不行的。内心强大，才能傲视一切。

戴尔·卡耐基说过一句让女人颇为受用的话：“生活中渴望成功的女人很多。她们不是没有机会，也不是没有资本，她们缺乏的往往是成功最需要的意志力。她们对于一些人生必须面对的困难往往缺乏‘挺住’精神。因此输掉了人生，输掉了世界。”

的确，一些女人在爱情、婚姻、事业上可能并不顺心，也可能因此受伤。但伤都伤了，难道还要伤亡吗？难道要因为没有权势而受人贬损，就这样饱受屈辱地活下去？难道要因为没有金钱而羞于交际，就这样灰头土脸地活着？当一个女人在心理上认输了，就意味着她已经输了整个世界。

心灵弱小者，往往遇到糟糕的境遇时自己会更加不堪。自己先把自己看小了，内心就会产生强烈的自卑感，当外界干预的力量很强大时，她们就不能靠自己的力量战胜困难。当别人对他们进行诋毁而给他们造成心理上的影响时，他们往往会默默忍受，而不加任何反抗，最后让自己的心支离破碎，精神世界也就此沉沦。所以，别在自己内心满目疮痍之时畏畏缩缩，也不要把时间和精力放在发牢骚和埋怨上，只有自己内心强大，才能让自己变得强大。一个内心强大的女人，其灵魂绝不会被他人绑架，更不怕被任何扭曲的思想所左右。

准丽·桑吉诺是一位跟澳大利亚四肢全无的励志青年尼克·胡哲有着十分相似的人生经历的励志女性。她出生在哥伦比亚首都波哥大，她出生时就患有先天的四肢切断综合征，这使得她的成长之路充满了常人无法想象和无法忍受的艰辛。

在她两岁的时候，父亲自杀身亡，这使得她原本不富裕的生活变得更加雪上加霜。在失去了父亲的保护之后，准丽·桑吉诺因为身体缺陷而遭受欺凌，她甚至想过自杀而了断自己的人生。然而，准丽·桑吉诺的母亲吉列·米娜从来都没有因她的缺陷而放弃她。母亲给了她无微不至的呵护和鼓励，让她变得不再脆弱，她励志要成为一个强者。她开始尝试任何事情都亲力亲为，尽量克服眼前的所有困难，以实际行动证明：即便自己没手没脚也可以无所不能。

在接下来的日子里，准丽·桑吉诺从铺床、刷牙、穿衣服等对于平常人来说再简单不过的小事学起，一点点尝试去做这些事。现在，她不仅可以打理好自己的日常生活，还上了大学，甚至学会了用嘴叼着笔画画。

准丽·桑吉诺从小的梦想就是能够和正常人一样，她幻想着自己能够在一觉睡醒之后长出手和脚。她还希望通过自己的努力帮助更多和她有着同样遭遇和经历的人勇敢地活下去，并能够重拾生活的信心，绝不向自己的命运低头。

准丽·桑吉诺凭借强大的内心和坚强的意志战胜了自己身体上的脆弱，更重要的是她已经成为一名励志演说家，正致力于帮助哥伦比亚国内的残疾人而到处演讲、筹集善款。

准丽·桑吉诺拥有强大的内心，是一个让人敬仰和钦佩的女子。她用自己的实际行动向我们诠释：“你若不强大，谁来替你坚强”的真谛。如今的准丽·桑吉诺虽然不能改变自己的身体状况，但却用强大的内心改变了自己原本糟糕的人生，此时的准丽·桑吉诺就是幸福的。

我们如果能够像准丽·桑吉诺一样有足够强大的内心，那么我们遇到再多的困难都能迎面而上。但如果内心不够强大，就连做一个普通人都很难。

我们三位合伙人在决定注册成立公司之后才发现，开公司并不是一件容易的事情。成本控制、管理等一系列问题相比于之前的打工生涯都是全新的挑战。起初我们一度因此而感到很烦躁，特别是要付各种账单的时候，更是内心不安。那时候，我们感觉自己有了人生中从未感到过的压力，有时候也会发牢骚地问自己为什么要开公司，之前给人打工不是也很好嘛，干嘛把自己搞这么累，甚至有了打退堂鼓的想法。

很多人开公司首先是为了赚钱，但对于我们三个合伙人来说，开公司只是一个过程、一种体验、一段经历，这些都是我们三个人非常看重的。所以，在接下来的创业艰难期，一旦出现公司运作不如人意的时候，我们就用之前在打工生涯中遇到坎坷的时候所表现出的那种不退缩、不放弃的劲头给自己加油、鼓气。渐渐地，受到这种正能量的影响，我们开始自信起来，并从之前打退堂鼓的想法中走出来，内心也逐渐从起初遇到困难时的脆弱变得越来越强大。此时，我们发现，其实当自己逐渐树起信心、内心不再脆弱的时候，眼前的困难也就没有想象中那么糟糕，当自己慢慢冷静下来的时候，眼前的一切压力和困难都能够应对自如了。显然，这是我们的思想的一种蜕变和升华。与此同时也使得我们更加懂得了如何才能做好公司的管理事务，这样，经营公司似乎也不再像刚开始那样难如登天，反而能够让浮躁的心沉淀下来，更加有条理地去运营整个公司。

从我们自己的经历中能够看到一个人内心的强大并不是天生就有的，而是通过后天的挫折和坎坷、失败和失意练就而成的。然而正是这种伟大的精神力量，让我们能够战胜自我，拥有如今蒸蒸日上的事业。

一个女人，即使一无所有、穷困潦倒、身陷绝境，只要她内心足够强大，内心有足够的希望，就能战胜一切苦难。其实，一个内心强大的女人，是这样的人：

不会因为自我惋惜而浪费时间

内心强大的女人，不会因为内心的难过、糟糕的境遇或别人的冷嘲热讽，而觉得自卑和无所作为。恰恰相反，她们不仅敢于直面生活中的各种遭遇，而且懂得生活并非坦途或绝对公平，将时间浪费在自怨自艾上是徒劳的。

不放弃自己的权力

内心强大的女人不愿意接受命运的操控，更不想让别人主宰自己的命运。她们明白，权力掌握在自己手中，命运掌控在自己手里。

不回避变化

内心强大的女人，从不会选择逃避或回避。反之，她们能够更加从容地接受各种变化，也会随着变化而思变。她们懂得变化无可避免，并相信自己有能力适应这些变化。

不在不可控的事情上费神

内心强大的女人，不会将自己的精力浪费在一些不可控的事情上。她们明白，这个世界上唯一可控的就是自己的态度。

不沉湎于过去

内心强大的女人，不会纠结在过去已经发生的事情上。她们所关注的是自己的当下和未来。因为她们在过去已经有了前车之鉴，不会幻想往日的辉煌。只有活在当下，规划未来，才是抓住幸福的最好方式。

不怕独处

内心强大的女人，能够忍受孤独，不怕寂寞。因为在她们看来，只有独处的时候，才能让她们静静地思考人生，进而提高工作效率。她们因独处而自得其乐。

所以，女人，要想笑傲苍穹，要想傲视一切，内心就要无比强大。只有内心强大，你才能保持一颗永无止境的奋斗之心；只有内心强大，你才会有亮丽、幸福的人生。

| 浮躁的你需要静的力量 |

“宠辱不惊，闲看庭前花开花落；去留无意，漫随天外云卷云舒。”内心平和的人，往往能把自己的生命活出品质，让自己拥有优雅和精彩的人生。而内心浮躁的人，永远无法走出焦躁不安的怪圈，容易放弃收缩自如的自控力。

在很多人的内心深处，总有一种浮躁的情绪让他们感到恐慌和不安。浮躁是人的天敌，任何急于求成、急功近利都会把人快速推到痛苦的深渊。女人需要让自己时刻保持淡定与平静，只有这样才能体会到静的境界、静的力量、静的韵味。

很多时候，幸福与不幸福就在一念之间。或许那些幸福的女人都将自己的精力放在了更多知识的汲取、更高目标的奋斗之上，她们静心获取，不疾不徐。而另外一些女人，虽然她们拥有聪慧的大脑，但她们总是内心浮躁，不能将心思放在一件事上，她们所缺乏的是恒定的毅力和安宁的情绪，到头来，换来的只有浮躁过后的疲惫和狼狈模样。

古代，有一个年轻人想去武当山学习剑法。于是，他就找了武当山剑术造诣最深的道士拜师学艺。道士将一套剑法传授给他，并叮嘱他潜心练剑。

一天，年轻人问道士："师傅，我练剑已经多日，照现在这样练习，我还需要多久才能成功出师呢？"

道士微微一笑，答道："三个月。"

年轻人又问道："那如果我晚上不睡觉也来练习，需要多久才能成功呢？"

道士回答："三年。"

年轻人接着问道："那我如果不分白天黑夜地练，连吃饭时间也都用在练剑上，多久才能成功呢？"

道士又微微一笑，摇了摇头，回答："三十年。"

年轻人练剑如此急于求成，反而难以顺遂地达成自己的心愿。我们的生活同样如此。培根在他的著作《凡事不可急于求成》中这样写道："智者说过：慢些，我们就会更快。没错，有人为了显示效率，凡事草草了事，结果得不偿失，使得一件本需一次完成的事情，要回头重复多次。所以，做事情不要急于求成。"

“欲速则不达”，这是古训。做任何事情都不能浮躁：工作不能浮躁，创业不能浮躁，管理不能浮躁，人际交往不能浮躁，日常生活也不能浮躁。浮躁往往是你成功路上最大的障碍，甚至因为一时浮躁，反而会伤害到自己。

生活并不会轻易善待每一个女人，而总是将我们无情地抛进滚滚红尘，任由我们沉浮。我们喜欢在闲暇的时刻喝浓而苦的咖啡，喜欢驾着马力十足的小汽车疾驰，喜欢在霓虹灯下享受生活，但生活有时候也需要我们静下心来细细品味一杯清茶，漫步在田间小路，静赏夜空中的一轮明月。人总是因为浮躁，而有一颗躁动不安的心。

我们往往为了享受多姿多彩的幸福人生，就去追求刺激的生活，让原本简单的生活变得错综复杂，让原本自由的生活变成了为所欲为，让原本随遇而安的生活变得随波逐流。在这样熙熙攘攘的世界中，我们过得太过浮躁，反而失去了自我，还把自己弄得很累，所以注定要受伤。

繁华中的诱惑，犹如毒药一般侵蚀着我们的灵魂。浮躁的内心，犹如掌控者一般左右着我们的思绪，让我们一步步沦为狂躁、不安、迷茫的人。只有静的力量才能拯救我们的心灵，静的力量可以救赎我们幸福的人生。

无论任何时候，当你出现浮躁的情绪时，都要尝试着让自己内心平静，用静的力量来浇灭浮躁之火，用静的力量思考前路奋斗的方式。此时，你会发现，你的睿智、你的见地如泉涌一般凌空出现，相比于浮躁时的冲动、迷茫、手足无措，你的人生得到的会是另一种结果。

那么如何才能让自己做一个恬静、淡定的女人呢？

第一步：静心

宁静以致远，摒弃浮躁需要宁静的心灵。放下手中所有的事情，坐下来，闭上眼睛，放松身体，将头脑中所有的思绪都放空。此时，你原本杂乱无章的内心将逐渐得到安宁，整个人感觉轻松舒畅、神清气爽、精神百倍。对于治愈你的浮躁症来讲，这些做法会有很好的效果。

第二步：明白自己究竟想做什么

一个人一天忙得昏头转向，自然会产生浮躁的情绪，使得自己茫然无助，不知道自己接下来究竟想要做什么，要朝着什么方向奋斗。这时，你需要做的就是思考自己究竟喜欢什么，要明白自己是因为兴趣所以努力，还是因为努力才产生了兴趣。此外，你还需要为自己喜欢的事情做一个详尽的规划和实施步骤，这样你才能更加有节奏地掌握计划进度。在计划按部就班地执行的过程中，你将享受到一种掌握自己命运的满足感，同时你的内心会像水滴一样纯净，并且充满力量。

第三步：专注

当你把所有精力都放在一件事情上，并且只专注于这件事情的时候，你才会忘记其他凡尘俗事，保持内心平静如水。这样，浮躁将远离你，成功也将属于你。

女人，别让浮躁的小刀划伤我们的心灵，别让浮躁辜负了我们一世的幸福。静心，我们才能使尽全力抵达幸福所在的远方。

| 世界上没有绝对的公平，你只能适应 |

经常听身边的女性感慨：生活太不公平，得到的少，失去的多。

其实，世界上是没有绝对的公平的。同样是草原上的动物，羚羊却要成为狮子的晚餐；同样生活在灌木丛中，兔子却要为狼果腹……

这里想到一个非常有意思的故事。

在古老的非洲大草原上，太阳正在冉冉升起。当第一缕曙光照在狮子身上时，狮子便醒来了，它开始了一天的猎捕生活，并且告诉自己：“今天我要不停地跑，追上跑得最慢的羚羊，把它吃掉。”此时，一只羚羊也醒了，它望着升起的太阳对自己说：“我今天一定要在吃草的时候加强警惕，并且要让自己成为跑得最快的羚羊，只有这样才不会落在队伍的后边，才不会让狮子吃掉。”于是，在大草原上，狮子在不停地追着羚羊，而羚羊也在不停地向前奔跑，躲开狮子的追捕。

狮子堪称草原上的最强者，而羚羊在狮子面前无疑是弱者，面对这种弱肉强食的不公平，羚羊既然无法改变狮子想吃掉自己的事实，就只能让自己不断适应眼前这种生活。羚羊极强的求生欲望，自然使得它想方设法减少自己成为狮子口中餐的机会，这样它才能获得生存的可能。

动物的世界如此，人的世界也是如此。既然我们无法改变这个不公平的世界，我们为何不坦然接受这种不公平，并用自己热情饱满的血液去改变自己，让自己适应这个世界呢？

著名的文学家托尔斯泰曾经说过：“世界上有两种人：一种是观望者，一种是行动者。大多数人想改变世界，但没有人想改变自己。”的确，面对生活中很多不公平的事情，我们往往表现得束手无策、无可奈何。现实是无法改变的，但是我们可以用微笑去面对它、适应它。当生活遭遇挫折的时候，当幸福的阳光被乌云遮蔽的时候，我们不要伤心，而要勇敢地去面对。

人的命运是掌握在自己手中的，而不是掌握在别人手里。当我们所面对的环境、趋势与我们原本的人生轨迹出现了偏差时，很多人会感觉不公平。面对这种情况，很多人会愁眉不展地抱怨生存的环境越来越艰难；还有一部分人则是想方设法在艰难中改变环境；而很少有人会用一种逆向思维考虑如何才能通过改变自己来适应新的环境。

仔细分析后我们会发现，第一类人除了抱怨世界的不公，没有任何实际行动，什么也没做，最终的结果就是整日活在哀愁当中，依旧过着让他们觉得不公平的生活；第二类人虽然采取了一些行动，但可能什么也没做成，整日在徒劳中度过。那么为何不学学第三类人呢？换一种思考方式，从自己入手，通过改变自己去更好地适应这个世界，并过上更好的生活。这种方式比起改变世界来说，既简单又容易实现，而且可以让自己的人生轨迹与这个不公的世界和境遇快速接轨。何乐而不为呢？

在非洲茫茫无际的戈壁滩上，有一种小花叫依米。它的花期非常短，仅仅能开两天时间，便会随着母株一起消亡。但依米花为了能和其他花一样绽放自己的美丽，付出了很大的努力。

戈壁滩上水源稀少，只有根系非常庞大的植物才能生存下来，而依米花的根却只有一条。为了获得赖以生存的水源，它通常需要花费五年时间让自己的根茎深深地插进地里。这样，慢慢积蓄养分，到了第六年的春天，它才有机会在地面显露出惊艳世人的美丽，开出一朵朵小小的四色鲜花。就是为了绽放的这一刻，依米花付出了六年的努力，那一朵小小的鲜花正是它用奋斗的汗水浇灌而成的。

其实，就像依米花一样，不公平的遭遇往往也是对我们的一种激励。在公平的环境和世界里，人们往往因为人人平等和“一刀切”而失去了斗志，在养尊处优中丧失向往幸福生活、追求幸福生活的动力。然而，不公平却让我们因为现实的残酷、竞争的激烈在痛苦中觉醒，否则迎来的就是在安逸中丧生。

电视剧《人间至味是清欢》中，女主人公有这样一句话：“有些人不是赢在起跑线上，而是出生在了终点。”这就是人与人之间的差距。正因为这种差距，让我们感觉到世界的不公，所以我们必须极尽全力，才有可能得到我们想要的东西。哪怕自己的终点是别人的起点，也要让自己变得很强大，这样才能给自己一个公平的机会。

的确，生活是看不见的战争。这场战争本身就夹杂着不公平，强者生存、弱者淘汰。这些虽然都是我们无法逃避的，但我们却可以做出选择。如果你看不清、看不明，就会被生活缓缓吞食，让你一直挣扎着生活在底层里，暗无天日。如果能承认生活不公平这一事实，便能激励自己尽己所能，而不是自我伤感。这种不公平反而是我们对现状的一种挑战。

世上没有公平可言，但快乐与不快乐与公平无关。一个人心胸开阔，能够正确看待自己与他人的差距，既不轻视自己的能力，又能发愤图强，这样的人才能获得充满幸福和快乐的人生。

第八章

幸福的家庭需要用心经营与呵护

——努力提升家庭幸福指数

萧伯纳说过："家庭是世界上唯一隐藏人类缺点与失败，而同时蕴藏着甜蜜之爱的地方。"一个幸福的女人，不仅在事业上有所成就，同时也会拥有和谐幸福的家庭。因为，她们不仅懂得经营自己的事业，更懂得用心经营与呵护自己的家庭，努力提升家庭的幸福指数。

在爱与责任中幸福并快乐

家，本来就是一个让人感觉温暖的字眼，有家的地方就有温暖。对于女人而言，家是温暖的港湾、心灵的寓所、幸福的天堂。一个聪慧的女人不仅明白爱家、恋家、惜家的意义，更懂得守家、护家的伟大责任。

一个真正懂得家是责任的女人，更是深谙各种持家知识。如果没有持家方法，女人就很难将家庭打理得井井有条，这样就会感觉力不从心，甚至焦头烂额、心力交瘁。只有用持家常识武装自己，女人才能肩负起家庭的责任，游刃有余地处理好各种大大小小的事情。

赚钱养家，不做金丝雀

时代在变，人的思想和观念也在不断向着开化、开放转变。现代的女人已经不再像过去一样“养在深闺处，不闻窗外事”，而是从紧闭的门户中迈了出来。她们深知生活的艰难与不易，既要让自己有貌美如花的容颜，又要让自己有挣钱养家的能力，她们用自己的野心证明自己的能力并不比男人差，如此一来才能实现自我价值的最大化，同时提升家庭幸福指数。

随着女人独立意识的不断增强，不论是经济上还是精神上，女人都有一种果敢的动力。越来越多的女人开始转变自己的观念，不再希望自己只做一只养尊处优的金丝雀，宁可在现实的熔炉里摸爬滚打涅槃成一只火凤凰，展现自己卓越的才华与风姿，同时担负起共同缔造幸福家庭的责任。

如果把男人比作一棵树，那么甘愿成为金丝笼里小鸟的女人，就像是攀附在大树上的菟丝子，只能吸取大树的养分，最后两人都会疲惫不堪。而敢于和勇于放飞自我的女人，则是一株与大树比邻的木棉，一边为大树增加绿荫，一边绽放自己的美丽与魅力。前者与后者的区别在于：前者家庭关系的维护越来越艰难，家庭生活的氛围越来越苦涩；后者，则能形成一片花团锦簇、和谐美满的幸福景象。

其实，一个家庭就像是一个扁担，夫妻两人各挑一边，才能让家庭在平衡、稳定中前行。如果重的一边全部落在丈夫一个人身上，虽然妻子可以省力很多，但却会阻碍两人快速前进的步伐，甚至长此以往，丈夫迟早会有吃不消的一天，那时候也就是整个家庭分崩离析的时候，更何谈家庭幸福？所以，女人，一定要从那种养尊处优的生活中解放出来，放飞自我，自己也为家庭的幸福生活添一份力所能及的力量，而不是将全部的经济重担都落在丈夫的肩膀上。

勤俭持家，应当量入为出

女人对家庭负责，就要学会勤俭持家。面对商场里琳琅满目的化妆品和服饰，相信任何一个女人都会为之怦然心动。但是，在巨大的诱惑面前，女人应当保持清醒的头脑。收入是河流，财富是水库，花出去的钱如流出去的水，一去不复返。只有留在自己口袋里的才是财富。在日常生活中，持家的女人都应当肩负起开源节流的责任，开源固然重要，但节流更不能忽视。

英国女王伊丽莎白二世经常说这样一句英国谚语："节约便士，英镑自来。"伊丽莎白二世并不只是嘴上说给别人听的，而是用这句谚语来严格要求自己。

伊丽莎白二世每天要处理公务到很晚才去休息，但即便是再累、再困，她每天都亲自熄灭白金汉宫小厅堂和走廊里的灯，之后才徐徐走进卧室休息。她用的牙膏要挤到一点不剩才肯丢弃。

一个贵为一国之尊的女王，节约意识竟如此强烈，令人赞叹。作为一个小家庭中的我们，又有什么理由不勤俭持家呢？

当然，节流并不意味着女人可以不在自己身上下功夫，将自己弄得邋里邋遢，而是要注意什么是必须买的，什么是不必要破费的，既不要做守财奴，又不要铺张浪费，过于奢靡。

用心处世，要有艺术

歌德曾说过："无论是国王还是农夫，只要家庭和睦，他便是最幸福的人。"我国也有"家和万事兴"这样的古训。所以，家庭是否和睦，决定了一个家庭幸福与否。

如果家庭不和谐，那么这个家就不会完美，更不会充满温馨和幸福。在一个家庭里，女人往往会承担较多的家务，也更有责任处理好家庭成员之间的关系。

细心是女人的优势，只要在家中处事时，细心做好每一件事就一定能获得成功。女人要与家人互尊互重、互敬互爱，这样做不但能维护家庭的和谐氛围，也能维护自己的尊严和脸面。这样的女人才是睿智的女人。

一个刁蛮霸道的儿媳妇长期虐待眼瞎的婆婆，不让婆婆和家人一起吃饭，每次吃饭只用一个破碗盛点残羹剩饭给婆婆，并让婆婆去一旁吃。家里其他人看在眼里，却敢怒不敢言。

一天，瞎眼婆婆不小心把碗打碎了，儿媳破口大骂，这时她的儿子走过去捡起破碗的碎片，惋惜地对奶奶说："你怎么把它打碎了，以后我妈妈老了我还要用这碗盛饭给她吃啊！"这时，儿媳妇脸涨得通红，一言不发地走回屋里去了。

从此以后，儿媳妇再也不虐待婆婆了，一家人和睦相处，其乐融融。

很多人都说婆媳关系最难处，甚至还有人形容婆媳关系是水火不容。现实生活中确实有很多因婆媳关系而造成家庭破裂的例证。其实，这个问题并不难解决。首先，作为儿媳妇，孝敬长辈是本分。女人孝敬公婆，会让丈夫心存感激，对你更加恩爱；孝敬公婆也是在为孩子做榜样，父母是孩子最好的老师，我们今天对待老人的一言一行，也许就是将来我们老了之后孩子对待我们的模版。

用心谋事，要有思想

俗话说："思路决定出路。"当你有了好的想法时，就意味着你对家庭的责任已经尽到了一半。聪明的女人更加懂得与家人沟通与交流，把自己的思路放在家庭中眼前和未来事情的统筹上。这并不仅限于简单并重复的一日三餐，而且还要涵盖家庭走向更加幸福未来的计划。只有将这种计划建立在家庭真实的经济条件和社会发展与时俱进的基础上，才是最英明的决策。

幸福的家庭并不是随便就有的，而是需要家人共同携手创造的，更是需要女人通过努力打拼来实现的。爱家，就要守护它，把守护它的责任化作自己赚钱养家、勤俭持家的强大力量；爱家，就要通过艺术和思想的融合，提升家的幸福指数。

努力积蓄爱的责任和力量，在爱与责任中感受无与伦比的幸福和快乐，这也是女人为幸福而奋斗的一种方式。

因为爱，所以坚不可摧

女人在结婚之前是父母的掌上明珠，是家里的公主，受到父母无微不至的照顾和呵护，可以随便撒娇、偷懒，甚至什么活都不干，任何时候都可以得到父母的无私宽容。

女人在恋爱时，自己是恋人心中唯一的公主，受到恋人的宠爱，可以撒娇、耍赖，即使发脾气也能获得恋人的宽容。

女人在结婚时，在爱人眼中是最美丽的，仿佛是这个世界上最幸福的人。

然而，在婚后，女人就成了别人的妻子、儿媳或者母亲。角色的改变甚至在女人还没有做好心理准备的时候就已经开始。这种猝不及防的转变，使得女人一下子从头戴皇冠的公主跌落到一个家庭主妇。当一桩桩、一件件家庭琐事疯狂袭来之时，女人措手不及，深感自己的无助和无奈，内心的焦躁情绪随即涌出。

面对这样的时刻，内心脆弱的女人不堪重负、内心压抑，婚后恐惧也随之而来，最终糟糕的事情愈演愈烈；内心强大的女人，则能够因为爱她所爱之人、爱他们共同的家而选择坚强，她们能坚强地面对和处理任何状况，将家庭打理得井井有条，即便被家务所累，也会感觉自己是幸福的。

爱家的女人，往往为了家庭的幸福，会藏起柔弱，变得坚强，让原本的柔情似水转变为工作中、家庭中的“金刚钻”，坚不可摧。即便遇到不顺心的事，也能够用自己坚强的意志力去抵挡和化解，虽然也会因此伤了、痛了、累了，但她们却会在这种坚强中感受和体验幸福。

坚强，不是面对悲伤不流一滴泪，而是擦干眼泪后微笑着面对以后的生活。全心全意经营幸福家庭的女人，即便内心委屈，也能用坚不可摧的精神战胜眼前的一切。人的潜能是无法估量的，当你觉得坚持不下去的时候，只要稍微咬咬牙，稍微调整一下心态，就能立刻赢得一片柳暗花明。

这个世界上最伟大、最神奇的就是爱。一个人之所以神奇和伟大，就在于和其他生物相比，人具有自我意识，能够感知到别人的爱，同时也会爱上其他人和事。在外界事物发生变化时，出于爱的本能，人类能够即时地做出反应。当发生在人身上的变化越强烈时，人能够爆发出来的能量也就越大，意志力也就越坚强，并用自己坚不可摧的意志力去维护自己的那份爱。

每个人的内心都有一颗爱的种子，不断用积极的力量去浇灌，这颗种子就能长成参天大树，否则就会渐渐消亡。这颗爱的种子越强大，我们的意志力就越坚强，经营幸福家庭的能力也就越强大。到最后，我们的生活就会走向梦寐以求的方向。

做幸福船上优秀的舵手

家庭是夫妻共同努力经营的，有着梦和酸甜苦辣的“窝”。

如果把家庭比作一条船，那么女人就是家庭这艘船上的舵手，而男人是努力划桨的人。光有划桨人，却没有舵手指引航向，家庭这艘船行驶的时候是缥缈、迷茫的，很难走向幸福。

爱默生说过：“一百个男人能建立一个营地，但要建立一个家非得有一个女人不可。”可见女人在一个家庭中的重要性。要相信，女人是一个家庭中的精神领袖，家庭是否幸福、安宁、安稳，完全取决于家中是否有一个好女人、好舵手。

刘涛可谓是影视明星中一个让人敬重的女人，不仅是因为她的事业和名气，更是因为她在家庭陷入危机的时候，勇敢地担任了一个优秀的舵手，让全家走出了困境。

在刘涛幸福地嫁给富商王珂之后，退出了娱乐圈，过上了相夫教子的平淡生活。但是丈夫王珂生意不幸失败，面对陷入困境的家庭和情绪低落的丈夫，刘涛并没有逃避，也没有放弃家庭和自己爱的人，而是选择重出江湖，希望用自己的力量让整个家庭能够回归以往的幸福生活。于是，她挑起家庭的重担和责任，接了更多的戏，频繁地往返于各地，绝大多数时间都在片场度过。

如果换做别人去面对刘涛当时所面临的家庭困境，也许早就崩溃了。但刘涛从不放弃，从不抱怨。她一方面挑起家庭重担，疯狂地工作，在经济上支撑家庭，为丈夫事业的东山再起铺路；一方面用女人特有的温柔安慰、照顾丈夫，陪他爬山、散心，疏导他的思绪。

如今，刘涛在和丈夫一起经历了人生中的大起大落之后，丈夫已经重新振作起来，整个家庭也已经回归正常轨道。王珂向刘涛表白时说道："我幸拥你才重见人间。"此时，他们之间的情感已经不仅仅是一般夫妻的柔情蜜意，而且还有一种超越了夫妻情分的东西，那便是携手并肩的"战友之情"。

在刘涛看来，女人的存在，就是为了去照顾家庭、爱人和孩子，并从中获得生命的真实感与幸福感。

刘涛的生活来得很真实，一点一滴，都看得见一个女人为了家庭重获幸福而不懈奋斗所留下的痕迹。毫无疑问，"贤妻"一词与刘涛非常相称，但她并非只有“贤惠”这一项技能。她如女战士般挑起家庭重担，照顾家人时又柔情似水，工作的时候全力以赴，这些都让她成为整个家庭向前方幸福之路航行的指挥官、舵手。对于刘涛而言，她在引导家庭开往幸福彼岸的路上，是一个优秀的舵手，也是一个成功的舵手。

家庭这艘船越大，女人就越有成就感；当船遇到的风浪越大时，女人就越有施展的空间。作为一个合格的舵手，不管前行的路途有多艰难，也不管未来会发生什么始料未及的事情，女人绝不会轻而易举地弃船而逃。

如果说幸福是一把钥匙，这把钥匙就攥在女人的手中。因为对于一个家庭的幸福来说，组成家庭幸福的都是一些琐碎而细小、细腻而精致的东西，是对柴米油盐酱醋茶的打理，是对穿衣吃饭的调配，是弯下身来的一捧暖阳，是阳台上盛开的一株水仙，是陪伴和懂得，是气象万千的爱和柔情。

一个家庭是否温馨，是不是欢声笑语、其乐融融，决定权就在这个家庭的女主人手中。一个好女人，能让自己的丈夫把家中的事物放心地交给她，专心于自己的事业；一个好女人，能够让全家人的生活有规律又不枯燥；一个好女人，能够用她的足智多谋为丈夫的事业献计献策；一个好女人，能够把孩子和家人照顾得无微不至；一个好女人，能够用自己的事业成就自己的梦想，并为过上更加幸福的生活贡献一份力量。

都说女人是花，那么家庭就是滋养女人的花盆，这是女人的根基。如果没有了花盆，再美的花朵也会枯萎凋零。而一个女人的生活质量决定了这个家庭的幸福。

有这么一个民间故事：

从前，在中原的伏牛山下，住着一个名叫吴成的农民，他一生勤俭持家，日子过得无忧无虑，十分美满。相传，他临终前，把写着“勤俭”两个字的横匾交给了儿子，并告诫他：“你要想一辈子不挨饿，就一定要照着这两个字去做。”

后来，儿子把“勤俭”牌匾恭恭敬敬地挂在了家中最显眼的位置，每天“日出而作，日落而息”，年年五谷丰登。然而他的妻子却从不干农活，过日子大手大脚，常常将白白的馒头吃两口就扔掉了。久而久之，家里就没有了一点余粮。虽然农民的儿子每天辛勤劳作，但也经不住他的妻子如此浪费，最终，落得个挨饿的下场。有一天，他的妻子正在仰天感慨时，突然看到了家中高高悬挂的“勤俭”牌匾，她顿时恍然大悟：自己每天养尊处优、坐吃山空，所以才有如今受穷挨饿的下场。于是，在吸取教训之后，她每天都会提醒自己要身体力行，多为家里做点事情。此后，家里的日子过得一天比一天好，一天比一天幸福。

可见，如果女人不会为家庭掌舵，男人难免顾此失彼，幸福家庭的小船说翻就翻。

所以，女人是一个家庭的灵魂所在，是一个幸福家庭中的优秀舵手。有女人的家庭才有生气，有好女人的家庭才会向着幸福远航。

勇敢地扮演好镜子的角色

一个女人就是一个家庭的“门脸”，要想知道一个家庭是什么样子的，看看家里的女主人就清楚了。所以，女人就像是家庭的一面镜子，一个女人的生活状态，是整个家庭的折射。女人，要想让自己的家庭和谐、温馨，要想提升家庭的幸福指数，首先就要勇敢地扮演好镜子的角色。

温婉的女人，往往会呈现出温婉的家庭生活；哀怨的女人，往往会让整个家庭陷入一种消极的氛围当中；一个面容和修为有品位、有涵养的女人，往往会使整个家庭也呈现出一种高大上的感觉。

有这样一个小故事，非常耐人寻味：

一天早上，一名牧师正在忙着准备第二天的讲道词。他的太太出去买东西了，把小儿子交给他带。小儿子约翰哭着闹着要去迪士尼乐园。为了转移儿子的注意力，牧师将一幅色彩缤纷的世界地图撕成了许多小碎片，放在小儿子面前，对他说道："小约翰，如果你能把这张地图拼起来，我就带你去迪士尼乐园玩儿。"

牧师本以为这件事对于仅仅五岁的小约翰来讲是很有难度的，需要花费大半天时间。但没想到的是，十分钟后，小约翰来到了牧师面前，把拼好的世界地图给牧师看。每一片碎纸片都整整齐齐地排列在一起，整张世界地图又恢复了原状。

牧师十分吃惊，问道："孩子，十分钟就能拼好，你是怎么做到的呢？"小约翰回答："很简单啊！地图的另一面是一个人的照片，我先把这个人的照片拼在一起，然后把它翻过来。我想，如果这个人是对的，那么这个世界也是对的。"

牧师笑了起来，决定兑现承诺，马上带儿子去迪士尼乐园，并谢谢儿子帮助他准备好了明天的讲道词：人对了，世界就对了。

阻碍我们幸福的，往往是我们自己。同样，阻碍家庭幸福的，也往往是我们自己。我们的人生模式会受到很多因素的影响，如性格特征、各种教育、生活事件、家庭传统等，所有这些都折射在一个家庭的幸福与不幸上。尤其是一个女人，自己的一言一行、一颦一笑，都影响着家庭的幸福。

女人的打扮，能够折射出家庭是否整洁

一个注意个人外表的女人，能把自己打扮得赏心悦目，收拾得体面光鲜，自然也能把家庭归置得井井有条、一尘不染；而一个整日蓬头垢面、

穿着邋遢的女人，家里也一定是乱糟糟的。一个女人，如果连自己都收拾不好，又怎么能把一个家收拾得干干净净呢？

有人会认为“爱打扮的女人败家”，但并不是所有爱打扮的女人都是败家女，适度打扮自己的女人才是人生的赢家，这是对家庭幸福的投资。爱打扮的女人，有时候更顾家，因为她既然可以把自己的妆容、发型和服饰丝毫不差地梳理整洁，那么对于生活中的点点滴滴，家里的各个角落，也一定能够事无巨细地打点到位。这样，用打扮自己的态度去打理家庭，自然能够让家庭更加温馨、美满。

女人知进退，能够折射出家庭的氛围是否和谐

一个幸福家庭生活的核心就在于爱与包容。家庭生活中，知进退，就是以和为贵。

一个知进退的女人，往往在和家人相处时，能够知道分寸，懂得相互尊重、谅解与宽容，不会苛求丈夫来做所有的事情而且要满足自己的任何要求，不会苛求孩子对他的所说所言、所作所为照单全收。

懂得进退的女人，承担着孩子教育的义务，承担着家庭的责任，也尊重家庭中每个人的想法和意见，会为家里每一个人的成长留出一定的空间。在处理家庭事务的时候，女人能够张弛有度、收放自如，能用合理的方式引导家庭成员，并且尊重每一个人的心理。

女人的能力，能够折射出家庭中的生活秩序

女人是家庭中一个不可或缺的纽带，重要性不言而喻。她们既是体贴丈夫的妻子，又是照顾孩子的母亲，还是处理婆媳矛盾的儿媳。女人的角色越多，就越能体现自己的能力。女人有没有能力，可以判断出一个家庭

的生活是不是过得秩序井然。

女人的能力越强，家庭生活质量就越高，因为有能力的女人不仅能入得了职场，还能掌控好家庭生活秩序。一个生活有规律的家庭，是能够让家庭中的一切人和事正常运行和运转的保障。一个有能力的女人，是男人背后的依靠，也是孩子面前的支撑。在一个家庭中，女人的能力越强，家庭氛围才会越温馨美好，家庭生活才会更加欣欣向荣。

所以，一个女人在家庭中要扮演好镜子的角色，这样可以让人看到一个家庭的缩影，见到一个家庭的温暖和幸福。

| 活得漂亮，做孩子最好的榜样 |

华盛顿曾说过：“让孩子感到家庭是世界上最幸福的地方，这是以往有涵养的大人明智的做法。这种美妙的家庭情感，在我看来，和大人赠给孩子们的那些最精致的礼物一样珍贵。”孩子是祖国的希望、全家的未来，而父母一生的使命就是教育子女。父母要教育孩子品学兼优、独立自强，还要让孩子的身心得到健康的发展，这样孩子在未来的人生道路上才会越走越扎实。

对于孩子而言，最好的生活环境当然是一个幸福的家庭，有来自母亲的温柔陪伴，还有来自父亲大山一般的慈爱。俗话说：“一代好媳妇，三代好儿孙。”一个家庭，妻子担负着更多的责任。她要学会做一个好媳妇、好妻子、好女儿，更要做一个好妈妈。因为孩子在小时候对母亲有着本能的依赖，所以，母亲的性格、语言和行为会影响孩子的一生。

诺贝尔文学奖获奖者莫言，当年站在了世界瞩目的文学圣坛上，并没有像很多人预想的那样会谈文学、论古今，但却娓娓而谈地讲述了贫穷、裹小脚、不识字的母亲。讲述自己的母亲如何用最朴实的言行，教会他什么是梦想和志向、人生和处世、坚强和不屈、诚实和耻辱、怜悯和同情、宽容和理解、大爱和亲情。他现在所拥有的一切都是母亲给予的。在莫言看来，母亲是他人生的导师。

同样，德国伟大的作家歌德在谈及自己所获得的成就时，多次感慨自己是得益于温柔而快乐的母亲卡特琳娜·伊丽莎白。他说，一直以来都是母亲引领他在文学的海洋里徜徉，让他找到了人生快乐的源泉。他觉得自己的母亲是精神上的领袖，指引他一路发现真善美。

伟大的人背后都有一个伟大的母亲，这种伟大不仅仅在于母爱的呵护和照顾，还在于母亲对孩子人生方向的引导。

董卿在《面对面》里说："你希望自己的孩子成为什么样的人，你就首先要做一个什么样的人。所以我应该努力把自己变得更好，让他在未来真正懂事的时候，对你有爱也有尊敬，从你身上可以学到一些好的品质。""育子先育己，身教胜于言教"，说的就是这个道理。

记得之前看到过这样一则新闻：

Larissa Waters作为澳大利亚绿党的联合副领导人，在结束了她的产假之后，便带着自己的新生女儿重返工作。她在堪培拉国会大厦发表动议的时候，3个月大的女儿哭闹不止。于是，她一边解开衣服为孩子喂奶，一边继续她的演讲。此时，整个国会一下变得非常安静……

实际上，澳大利亚议会在2016年就改变了规定，允许女立法者在密室中看护她们的婴儿。在此之前，儿童是禁止进入议事厅的。并且，母乳喂养的母亲也有代理投票权。为母则刚，Larissa Waters是议会厅母乳喂养的第一人。

相信很多女性会因为带孩子而放弃自己的梦想。其实，若干年后，孩子希望拥有的是一个有梦想、能紧跟时代的、有时尚魅力的妈妈，而不是一个只会扫地、做饭而没有梦想的妈妈。培养出一个优秀的孩子是一个母亲的职责，妈妈不是保姆，更多的是孩子的榜样。

孩子未来是什么样子深受母亲的生活方式的影响。如果你活得漂亮，孩子的未来也必定以你为榜样，必定不会差。母亲这个职业，没有崇高和卑贱之分，对于孩子而言，母亲是唯一的，母亲在孩子面前的作为，与基因一样，能够渗透在孩子的举手投足和为人处事当中。

人往往在经历过迷茫之后，才能有更好的成长。有些女人视孩子为绊脚石，有孩子之后便更是心安理得地“一孕傻三年”。但是，你是否想过，孩子不仅仅是生命的延续，还是你继续成长的新动力。所以，如果你想让自己继续成长，不要因为孩子而变得止步不前。而是应该更加努力地把自己变得更好，让孩子在未来懂事的时候，对自己更加有爱、更加尊敬。

所以，你必须在自己和孩子之间拿捏一种平衡的分寸，既不能“我的世界只有我”，也不能“我的世界只有孩子”。将自己的独立身份和照顾孩子的角色同时融汇在自己的生命里，这是一种智慧。

也许有人会说：“我平时每天带孩子，哪有时间学习和工作？忙都忙不过来，每天全身心都投到孩子身上，根本没精力做其他事情。”可是，你有没有想过，“一孕傻三年，再孕傻一生”可以让你变成社会竞争中的失败者。

一个不懂得积极向上，放弃进步，浑身带有负能量的母亲，想要培养出热爱艺术、内心积极向上的三好青年，这可能吗？

如果，你希望自己的孩子能够热爱阅读，那么你自己首先就得认真阅读；如果，你想让孩子热爱运动，那么你自己首先应当对运动产生浓厚的兴趣，并坚持运动；如果，你希望孩子能够热衷于舞蹈、音乐，那么你自己就需要先去聆听，并体会其中的乐趣；如果，你想让自己为了辉煌的人生和未来而奋斗，那么你自己就需要活出自我、活得漂亮。

要知道，从来没有哪个女人因为生孩子而必须结束事业；从来没有哪个女人因为青春不再，就失去了自己的人生价值。你以为别人胜在了年轻，其实她是赢在了进取；你以为自己败在了年龄，其实你是输在了平庸。别把自己不愿意努力、不愿意继续成长的懒散归于孩子身上。相反，孩子是你更加努力、不懈奋斗的动力。我们要学习Larissa Waters，以孩子为动力，坚强挺拔地行走在人世间，不屈服、不认输、不蹉跎人生，让自己更加努力地去奋斗，获得更多的成长，从而锻造出一个全新的、更加美好的自己，成为孩子最好的榜样。好的榜样是一种力量，影响着孩子的一生。

第九章

幸福的婚姻需要不懈奋斗来获取

——幸福的婚姻需要用爱浇灌

幸福的婚姻是要用爱来浇灌的。一个女人，要想得到真正幸福的婚姻，就必须有获取幸福的资本。这些都是一个女人需要不断奋斗，天天都要在情感账户中“存款”，只有存得满满的情感账户才能让我们在碰到矛盾、摩擦时有“款”可提。这样的婚姻才是让人羡慕的幸福婚姻。

| 主动付出，做一个会调剂情感的女人 |

俗话说：“有家的地方就有爱。”所以，家是讲爱的地方，爱一个人，爱一时很容易，爱一生一世却不容易。走到一起的两个人，一定要养成一种习惯，去给予、去分享，彼此照顾，彼此赞赏，日子才会日渐丰富起来。

基于婚姻的“家”原本是个空盒子，你必须往里面投入，才能取回你想要的东西。你放的越多，得到的也就越多。我们最该往空盒子里放的首先应该是关爱，当两个人有了情感，彼此的关心化成疼爱对方的行为，这种感觉往往让人刻骨铭心；我们还要往盒子里放一些艺术，生活中需要艺术的地方无处不在，讲话需要艺术，烹饪需要艺术，这些艺术往往也可以转化为对彼此浓浓的爱意。

婚姻里的浪漫也是一种艺术。女人最懂得浪漫，浪漫也最适合女人，或者可以说，浪漫是上帝为女人量身定做的专属“连衣裙”。当女人穿上这件“连衣裙”时，整个人就难以掩饰内心的喜悦，一笑倾城，再笑倾国，这时的女人是最可爱的，也是最迷人的。不懂得浪漫的女人，就不能算是一个真正的女人，因为这种女人没有情调，对生活没有激情，内心不容易滋生情愫，也不是一个情感丰富的人。

浪漫则是爱情和婚姻里任何事情、任何时候都少不了的必备的情感调味剂。

在爱情里，女人备受爱人的宠爱，时不时就会收获来自对方制造浪漫的小惊喜，能让一个小女生获得被宠爱的满足感，她们往往认为会制造浪漫的男人很有情调。但久而久之，她们会理所当然地认为制造浪漫永远是男人的事情，自己只是那个静静享受浪漫的人。实则不然，女人也需要为男人制造浪漫。

婚姻里既有爱情，也有亲情。夫妻双方绝大多数的时间都在为家庭的财富、幸福、事业所奋斗，往往亲情的比重大于爱情，所以忽视了对情感的调剂。此时，不要埋怨自己的丈夫不懂浪漫，更不要因为丈夫的不浪漫而怀疑丈夫对你的爱。

女人都喜欢浪漫，但男人并不是唯一的浪漫制造者，制造浪漫氛围，女人也可以。自古多情源于浪漫，而浪漫的人也很多情。女人作为家里的舵手，更应当承担起调剂夫妻双方情感的重任，要学会做一个会调剂感情、会制造浪漫的人，这样可以增进夫妻之间的感情，让幸福的婚姻基础更加牢固。

柏拉图曾经说过：“当爱情拍了你的肩膀，就算平时对诗情画意不屑一顾的人，都会变成诗人。”在女人的骨子里都有一颗浪漫的种子，浪漫的女人会创造条件使这颗种子生根发芽，让归于平静的感情重回热烈。

小荷是一个非常懂得浪漫的人，也是一个非常懂得制造浪漫的人。小荷结婚已经有五年了，如今也有了孩子，她总是觉得现在的日子不像结婚前热恋的时候那么浓情蜜意，感觉自己的婚姻仿佛进入了情感冬眠期。她希望在生活中依然能品味到以前令自己心花怒放的美妙时刻。于是她就想方设法，给丈夫制造惊喜。

小荷的丈夫经常出差，离别时两人总是依依不舍。有一次，为了让丈夫在繁忙的工作之余能够感受到远隔千山万水的两个人依然心心相印，她绞尽脑汁，想出了一个给丈夫制造浪漫的方法。她给丈夫下榻的宾馆打了个电话。等到丈夫忙完一天的工作回到宾馆的时候，发现映入眼帘的是桌子上的一瓶红葡萄酒、一篮新鲜的水果和妻子的一封短短的“情书”。

丈夫被眼前这出乎意料的惊喜深深打动了，于是等他出差回家的第一件事，就是还妻子的浪漫之情，邀请妻子第二天去巴黎共度周末。美妙的巴黎之行，让小荷怦然心动。

虽然她也有自己的工作，也有孩子需要照顾，但还是请了临时看护的保姆照顾孩子。虽然知道这样需要花掉一大笔钱，但还是选择了和丈夫一共享受浪漫时光。

在巴黎和丈夫一起度过的日子，小荷感觉她与丈夫重新回到了恋爱时期，两人都为这得来不易的约会而兴奋不已。

把孩子托付给别人照顾，自己出去玩几天，这是很多父母都做不到的，尤其是母亲，孩子就像是自己身上掉下来的一块肉，更是难以放下。甚至很多夫妻都将目光和精力集中在孩子身上，而忽视了两人之间真正的交流和沟通。即便假日出去游玩，父母也会将自己“玩儿”的权力完全让渡给孩子，孩子们尽情释放自己的天真烂漫，父母似乎只是做向导和监护的工作而已。其实为了不让这种浪漫荡然无存，夫妻俩应当让自己真正放松一下，暂时停止对孩子的关心，偶尔放下内心的包袱，让彼此的心远离柴米油盐酱醋茶的纷扰，带着浪漫的心态一起出去度假，重拾恋爱时的美好时光。

如果说家庭像一艘船，婚姻则更像一艘船，女人作为这个船上的舵手，更要精心设计这艘船的航向。不懂得营造氛围的女人，可能会让婚姻这艘船变得一片狼藉。懂得营造浪漫的女人会独具匠心，把它布置得温馨备至，细致入微处见风情，让人留恋在其中。懂得浪漫的女人，才是真正懂得生活的女人；懂得浪漫的女人，才是充满生活情趣的人。一首小夜曲是浪漫，一支舞蹈是浪漫，一杯红酒是浪漫，一捧玫瑰花是浪漫，一个包装精美的礼物是浪漫，餐桌上的蜡烛是浪漫，手拉手漫步街头也是浪漫，这些可以让丈夫体会到百般的细腻与缕缕温情，平时再多的工作烦恼、生活苦恼也都会烟消云散，留下的只有眼中最美的你。

生活不一定需要多么富有，但在婚姻当中一定要懂得浪漫，这样的婚姻才能产生持久的幸福感。其实，婚姻里的浪漫无非就是在平淡琐碎的日子里投入自己的情感，制造一些不一样的惊喜，为的就是给夫妻生活增添情趣，给感情注入新的活力，使爱情历久弥新。所以，你可以在美丽的夜晚点燃一盏小桔灯，和自己的丈夫到静静的田间看萤火虫跳舞，听青蛙蟋蟀耳语，享受这夜间美好的田园风景；你也可以在布满星星的夜晚，和自己的丈夫在阳台上看星星，幸福地偎依在丈夫的肩上，和他一起慢慢地变老……

女人在生活中需要用浪漫来调节平淡的生活氛围，男人也需要真正的浪漫改变枯燥的生活，这样的生活才是真正快乐幸福的生活。所以，女人，一定要做一个懂得浪漫的人，并不时地用心营造浪漫。因为只有不断地给爱情补充营养，才能留住不变的心、不老的心。女人一定要会制造浪漫，因为这是女人为了幸福人生而奋斗的另一种方式。

宽容的爱里充满阳光

人生在世，每个人都是不能孤立存在的个体，总是生活在一定环境中，这样人与人之间就会建立起各种关系，有爱有恨，有恩有怨。每个人的生命历程都是短暂的、有限的，所以，能来到这个世界上与他人相遇，并以某种特定关系而相关联，实属不易。

所以，我们要更加珍惜彼此之间的这份情。然而生活中，再亲密无间的夫妻也不可能没有摩擦和冲突。如果你一受到伤害就满腹仇恨，于人于己都没有好处。怨恨如烈火般潜藏在内心，一旦把它放出来，后果不堪设想。

爱默生说过："宽容是化解一切仇恨的最好方法，理解是解决一切问题的关键。"所以，怀有一颗宽容之心，或许对对方而言是一种饶恕和救赎，对自己也是一种解脱和放下，可以让自己放下心中的烦恼和怨恨，勿因此而失去了平和、幸福的心境。

一天晚上，老禅师发现寺院墙角有一把椅子。他知道这一定是有人不顾寺规，越墙出去游玩了。他想了一会儿，就搬开椅子，蹲在远处等着。没多久，果然有个小和尚蹑手蹑脚地翻墙而入，在黑暗中踩着老禅师的背，溜进了院子。

当他双脚落地的一刹那，才发觉有些不对劲，感到刚才踩的并不是原来的椅子，而是有一种柔软的感觉。在月色朦胧中，他这才发现，原来踩的是自己的恩师。小和尚顿时惊慌失措，不知如何是好。但出乎意料的是，老禅师并没有像他想象的那样厉声责备自己，而是平静地说："夜深天凉，快去多穿件衣服。"小和尚听到老和尚这样温暖的话语，顿时为自己的行为而感到懊悔，也被恩师暖心的话而感动。他回去后把刚才发生的事情告诉了其他的师兄弟，此后，再也没有人深夜越墙出去闲逛了。

老禅师用自己宽大的胸怀包容了徒弟的过失，还用暖心的话关心徒弟，不但遏制了徒弟的不良行为，还加深了师徒之间的感情，可见宽容的伟大之处。

师徒之间可以因为宽容如此，夫妻之间的宽容也可以如此。

世界之大，芸芸众生在人潮中穿梭如织，人人都渴望找到属于自己的爱情，找到属于自己的幸福。谁会遇上谁，谁会爱上谁，谁会与谁相伴一生，并幸福快乐地走完生命旅途中剩下的路程，这些我们都不得而知。

但既然是缘分让两个人相遇、相知、相爱、相伴到老，就一定要珍惜这份难得的缘分。彼此照顾、呵护对方，但更重要的是包容对方，让这朵爱情之花绽放得更加美丽。

女人，尤其在恨嫁的年龄，更是对爱情充满了渴望。婚前对另一半仰慕至极，婚后却发现对方有越来越多的缺点，让自己难以容忍。其实，我们总以为爱情是建立在对伴侣的仰慕之上，实际上，很多时候我们更加需要把对对方的爱看作是一种对其缺点的包容。两个人在一起，如果只想着如何去改变对方，却不懂得去包容对方，那么这不是婚姻，而是战场。

我们对另一半的宽容，并不代表自己的懦弱，而是对另一半脆弱的一面给予保护。之所以宽容，是因为我们清楚，某一天自己也需要被别人善待。世界上没有绝对幸福圆满的婚姻，幸福需要互相的容忍与互相尊重。

宽容别人，也能够给自己留下一条后路。俗话说："退一步海阔天空，宽容别人也是善待自己，原谅别人就把微笑留给自己。"夫妻之间本是因仰慕和爱恋而走到一起，并不是天生的敌人，别让怨气冲跑了彼此之间的温情，不要让怒火留下人生遗憾。

你是否还记得最初和爱人相爱时的誓言？"此生相伴，不离不弃"，这是恋人之间最甜蜜的誓言。所以，为了最初相爱一生的誓言，有争执的时候就要沟通，生气的时候要冷静，愉快的时候要分享，指责的时候要谅解，过日子的时候要包容。这样，你们之间的爱情才会在沟通、冷静、分享、谅解、包容这几个支点上得到平衡，才能让爱情之树常青。这时候，你会发现，你奋力维护的爱情，如你所愿。

一位即将嫁人的女孩，趴在母亲的肩上问了离家前的最后一个问题：“妈妈，结婚以后，我该如何把握自己的爱情呢？”母亲听完女儿的问题后，从地上抓起了一把沙子。女孩发现那把沙子在母亲的手里，母亲的手轻轻握着，没有一点流失，也没有一点撒落。接着，母亲用力将手握紧，沙子立刻从母亲的指缝间滑落下来。等到母亲张开手时，之前的那把沙子已经所剩无几了。

女孩望着母亲和落在地上的沙子，若有所悟地点了点头。母亲这时告诉女儿：“爱情其实无须刻意把握，越想抓紧自己的爱情，反而越容易失去自我，失去原则。夫妻之间彼此应该保持包容和谅解，否则爱情也就变得毫无美感，甚至失去原本的意义。”

母亲在女儿出嫁前送给女儿的话让女儿一生受益，女儿自成为人妻之后，家庭和谐美满，夫妻之间相敬如宾，婚姻沐浴在阳光下，生活过得甜美、幸福。

人生就像握在手中的沙子，握得越紧，往往丢的越多。你对丈夫的过失不可饶恕，那么他在这种压抑的心情下，终有一天无法承受，那么此时你们的爱情也会土崩瓦解。不要将自己藏在对丈夫怨恨的阴暗当中，如果你能将对丈夫的怨恨拿出一点来，并将其化作宽容，这样不仅仅代表着你的度量，更能让你的丈夫因为你的宽容而愧疚和感动。此时，你们出现裂痕的爱情会因为你的宽容而化作一缕阳光，得到光照，得到修复，你们的爱情依然可以在幸福的阳光下美满、长久。

真正爱一个人，往往一下子说不出爱他的真正理由，只知道自己顾不上注意别人；真正爱一个人，也不会因为生活中一些鸡毛蒜皮的小事而给爱情蒙上一层阴影，更不会因此而让爱情褪色。相信每个人都不会忘记人生中那次与爱人的美丽邂逅，那些浪漫的约会以及甜蜜的拥抱都历历在目，恍然在昨日。那么既然爱了，就不要太过计较，要想开些。因为他是你爱着的人，至少以前是，现在是。未来你们能走多远，需要你用足够的耐心、足够的包容心去容纳他的缺点。

宽容，就像春天里的一抹暖暖的阳光，能够释怀别人的对错，能照进对方的内心，让对方感到一丝温暖。宽容可以让人冰释前嫌，加深彼此之间的感情，可以给人阳光般的力量。

得饶人处且饶人，在我们和爱人相处的时候，如果他没有犯什么大不了的错误，能够原谅的时候不妨原谅一下，能够宽容的时候就不妨宽容一下。

要知道，人无完人，每个人身上都或多或少有缺点，难道你敢肯定自己是一个完美的人？同样，世界上也没有完美的爱情。既然双方选择了爱，就要付出一切。因此我们需要做的是把有限的时间都利用起来陪伴彼此，去体味缠绵、拥抱的感受，相互包容，相互依赖，相互依偎地走着，这也是一种幸福。

女人，一定要在爱情和婚姻中学会宽容，宽容的爱里充满阳光，更充满幸福的味道。

幸福婚姻靠守，不靠换

青春期的女子，容易把爱情想得很文艺，认为韩剧里浪漫、唯美的爱情是最幸福的，她们也因此渴望着这种童话般的经历降临在自己头上，幻想着有一天自己也能够收获这样的幸福。

然而，随着她们一天天长大、成熟，才发现，自己的情感之路并没有想象中的那么美好。她们在爱情的抉择上，兜兜转转，总在等那个让自己不将就的人出现。“愿得一人心，白首不相离”成为她们对爱情美好的憧憬。

她们之所以一直以来都没有遇到那个对的人，是因为她们不知道一句话：“幸福婚姻靠守，不靠换。”否则，可能一辈子都找不到那个适合自己的人。

这里有一个富有哲理的小故事：

山上有一只小猴子，一天这只小猴子饿了，下山来找食物。当它路过一片玉米地的时候，就兴奋地去掰玉米，它抱了几根玉米正打算返回山上的时候，突然看见远处的有一片桃林，结满了桃子。于是，它自言自语："玉米有什么好吃的，还是桃子好吃，甜甜的、酸酸的。"于是它丢掉了手中的玉米，朝着远处的桃林奔跑而去。到了桃林，它爬到了桃树上，摘了几个最大最红的桃子，捧在手里高高兴兴地往回走。半路上，它发现一个西瓜园，绿荫荫的瓜田里结满了圆滚滚的西瓜，看着都让人嘴馋，而且一个西瓜就能让自己饱餐一顿。于是它为了抱走大西瓜，只好将手中的桃子丢掉。当它抱着西瓜往回走了很长一段路后，它突然觉得累坏了，就放下西瓜休息。此时，突然从身边窜出一只兔子，小猴子噌一下跳了起来，心想："如果能捉只兔子回去，那就更美啦。"于是，它丢下西瓜，去追逐兔子，那兔子在前面跑，小猴子在后面追。但兔子又狡猾跑得又快，一会儿消失在树林中，无影无踪。此时天渐渐地黑了下来，这只小猴子觉得有点害怕，就赶紧往回跑，回到山上的时候，它才发现，自己忙了一整天，却两手空空，什么收获也没有。

看完这个哲理故事，相信你会有很多的感悟。婚姻其实就像是这只小猴子下山找吃的一样，总是希望能够收获最好的，到最后却什么也没得到。因为这只小猴子这山望着那山高，永远都不认为自己手中的是最好的，永远都在追求最好的路上，这样反而让自己错过了最好的那个，到头收获的只有“两手空空”。

人生原本几十载，幸福的爱情和婚姻并不是你换来换去就能够得到的。多少人因此而错过了原本属于自己的幸福。回首时才发现，一切恍然如梦。原来曾经在你生命中路过的那个人，才是你最爱的那个人，才是最能给你幸福的人。

在爱情和婚姻中，幸福究竟是什么？

很多女人认为，爱情和婚姻的幸福，就是对方能够尽己所能给自己最好的物质和精神财富，尤其认为物质条件才是评判爱情和婚姻是否幸福的基础，一切没有优厚物质条件的爱情和婚姻都是乏味的。在她们眼里，对方家底殷实就意味着婚前婚后能够给她们带来幸福，她们可以不必为婚后的生活而疲于奔波，而那些物质财富匮乏的人，只能让自己婚前乏味，婚后也索然无味并身心疲惫。

也有不少女人认为，对方每天能够给自己制造浪漫，带来新鲜感，而自己每天能够享受到这种新鲜感，才是幸福。在她们眼里，舍得花重金为自己制造浪漫的男人，才是最爱自己的，才是最适合自己的。然而，这一点终归还是回到了第一条的“金钱”问题上。

更有女人认为彼此之间能够达到不约而同、异口同声、如出一辙的默契，这样婚后才能更加幸福地生活。所以，有的女人在说分手时，仅仅以一个“没默契”的理由便选择离开对方，另觅幸福。

女人，醒醒吧，虽然金钱、浪漫、默契是婚姻中必不可少的，但也并不是说物质条件越丰厚，一个人的幸福感就越强烈。有时候，物质条件或金钱过于富有，也会在无形中给人带来痛苦不堪的烦忧。女人天生喜欢浪漫，但如果一个男人每天都制造浪漫，久而久之，你还会觉得有新鲜感吗？默契也并不是两个人天生就有的，就连双胞胎也不一定能做到完全的默契，更何况是两个不相同的人呢？默契是需要在长时间的情感投入过程中逐渐培养的，彼此投入的情感越多，心与心的距离越近，才越有默契。

其实，无论爱情还是婚姻，越接地气越好，最能让你有幸福感。不要把爱情和婚姻中的幸福想得太过复杂，只要遇上对的人，一路坚持走下来，你的一生就都是对的，都是幸福的。

爱，这个词看似无形，虚无缥缈，但却与“真实”挂钩，且关系最密切。爱情和婚姻就是一个日常用品，和吃饭一样，是最稀松平常的事情。但爱情和婚姻的幸福并不是整日挂在嘴边，不需要费尽心机去证明。只要你们能够在一起，在平平淡淡中细细品味和体会，你就会发现其实幸福就在身边，是彼此默默地陪伴；是每天早上一睁眼，就能看到对方安静睡觉的样子；是你快乐的时候，抬头他在你身边；是你午夜梦回被惊醒的时候，他给你一个拥抱的安全感；是你难过时，你转身，他在你身侧，握着你的手，能够让你千回百转的心，平复后回落到胸腔里。

我们一直渴望的爱情和婚姻中的幸福，不就是在寻找这样一个温暖的所在吗？这才是最真实的爱情，才是有幸福感的婚姻，也是最需要我们用心珍惜的。唯有守得住的平淡，才能见到爱情真章，幸福不是靠不停地换。

萱萱的好友突然晚上打电话，让萱萱陪她。见面后，好友二话没说，便一杯酒下肚，拉都拉不住。之后突然抱着萱萱失声痛哭，原来，他要结婚了。

这个“他”是好友七年前的男友。当时她和他说分手的时候，大家都很吃惊，也很突然，七年的感情，平时看着两人都很好，就这样说分就分了。好友之所以提出分手，是因为他的赚钱能力和水平完全没有达到她的期望值，给得了她温暖，但给不了她安全感。所以长痛不如短痛，这段历经七年的感情就此终结了。后来，好友换了很多男友，其中也不乏有钱的，只是都没有走到婚姻的殿堂。

直到这天，好友才告诉萱萱，她觉得他才是自己最爱的人，才是最适合自己的，才是最能给自己幸福的人。

萱萱问好友，为什么不再找他重新来过呢？好友说他已经有了新女朋友，自己不想再打扰他。可是，好友内心却一直没有放下。如今，他已为人夫，好友更为这个当初因为钱而放弃的男人伤心和悔恨不已。更重要的是，她深刻地明白了一个道理：幸福是靠守的，而不是靠换的。

在爱情和婚姻里，好高骛远是女人致命的死穴。有不少人在失去了之后才懂得珍惜，那为何不在失去之前好好珍惜呢？

女人要好好珍惜身边这个愿意付出真心、真情陪伴你的人，不是所有的人都有机会、有幸得到这样一个真正爱着你、甘愿为你做任何事情的人。在爱情和婚姻中，需要用心去看、用心去体味这种难能可贵的幸福，并不是换来换去就可以找到幸福。没有哪两个人天生是合适的，不要等到失去了之后才空悲切、长叹息。女人，要想抓住幸福，就要奋力去守住彼此之间的那份平淡的爱情，因为平平淡淡的爱才是真爱。

可以强大，但不可以强势

在现代社会中，很多女人在婚后为了对家庭拥有绝对的掌控权，将自己从婚前温柔的公主演变为一个强势的女人。看着孩子和丈夫对自己言听计从，就以为自己握住了幸福，认为整个家庭都掌控在自己手中。可是，过于强势的女人，真的能够获得幸福的婚姻生活吗？

之前看到过这样一个让人深受启发的故事：

据说，有一回，有着“铁娘子”之称的撒切尔夫人下班回家后，发现自己忘记带钥匙，她一边敲门，一边大声说：“开门，我是英国首相撒切尔。”

可是，敲了半天门，她的丈夫丹尼斯·撒切尔爵士也没有为她打开门。于是，撒切尔夫人顿了顿，马上明白过来了。这次，她换成了温柔的声音，重新敲门：“亲爱的，我是你的妻子玛格丽特，快开门吧！”

这时，丈夫立刻为她打开门，满面笑容地迎接她回来，并给了她一个拥抱。

在前后两次敲门的过程中，我们看到：同样一个人，两种截然不同的态度，一个是作为英国首相撒切尔夫人，她是个即便在家人面前也毫不让步、咄咄逼人的强势女人；另一个是作为妻子的玛格丽特，她用温柔聚集了丈夫对她满满的爱，她是一个头戴温柔光环的女子。

相信，不仅仅是她的丈夫，对于绝大多数人，都会喜欢那个叫玛格丽特的、强大但不强势的女子。所以，女人，在婚姻和爱情里，可以强大，但绝对不可以强势。

的确，生活对女人提出了越来越多的要求，女人要适应这个越来越多元化的时代，如果没有强大的“三头六臂”，还真难扛得住。于是，在你我生活的周围，越来越多的“强大”的女人频频出现。

她们脚踩让她们自信满满的高跟鞋，在办公室里如一阵风似的来去，与男同事一样，用同样高的声调讨论着工作方案和执行计划，甚至是某些男同事都无法注意到的细节问题；她们自己修电表；她们甚至和自己的丈夫在家庭负担上选择AA制……这些都是女人强大的表现，都是让男人们所钦佩不已的。

然而，当她们工作劳累一天之后，拖着精疲力尽的身体回到家，一脚踢掉高跟鞋，便立刻变成了无死角的辣妈：她们语气生硬，摆出一副非常强势的架势。这种言行往往让丈夫苦不堪言，甚至想极力逃避。

可见，女人强大并不意味着也可以强势，强大是内心的笃定与独立，而强势则过于强调掌控力，最终会伤了自己，失去婚姻的幸福。

在电视剧《我的前半生》中，另外一个女主角唐晶给我们演绎了一个强势女人的爱情历程。

剧中，唐晶是一个独立自强的高级白领，她与同样在咨询公司工作的贺函完成了长达十年的爱情长跑，却在婚姻殿堂的门口分手告别。

十年的情感来之不易，中间走过风风雨雨，经历过争执，最后却选择了分道扬镳，不得不让人唏嘘不已。

在充满遗憾的爱情里，唐晶无论在情感上还是在工作上，从来都没有选择让步。唐晶与贺函身处同一行业，又同是行业的精英，竞争是在所难免的，唐晶和贺函因为各自公司的利益而争取同一位客户。

考虑到如此激烈的竞争会伤害到两个人的情感，贺函选择主动退出竞争。然而，没想到的是，唐晶却抓住了贺函工作中的漏洞，以此作为赢得客户的筹码。最后，客户成功被唐晶拿下。但最终的结果是，两人的感情也就此发生了微妙的变化。

或许，在唐晶看来，工作中自己决不能向贺函低头认输，然而却错误地认为在情感中也应该这样。

为了逃避与贺函的情感，唐晶选择了离开，去了香港。在临行前一晚，她喝得烂醉，回想起十年来与贺函的一幕幕往事，不禁痛哭流涕。然而当与贺函辞行的时候，却又装作一副刀枪不入的样子，似乎对这十年的情感毫不在意。

就这样，在倔强的伪装下，唐晶与贺函十年的恋情也因为唐晶的不肯低头让步而渐行渐远，将十年的感情化作了一场遗憾。

很多时候，女人就是因为在自己的爱人面前永远摆出一副不服输的架势，用自己的强势与倔强最终将爱自己的人和自己爱的人推向了别人的怀抱，自己却沦为爱情和婚姻中的失败者。

有不少女人，在与恋人、丈夫发生摩擦、产生矛盾的时候，明明在心里很在意对方，却为了所谓的面子，摆出一副强势的模样，不肯在对方面前低头，却希望别人先能服软。结果等到失去时，却已追悔莫及。

爱情和婚姻里，没有谁对谁错。如果在适当的时候能够示弱一下，让自己不那么强势，或许事情的结果不会比现在更糟糕。示弱，并不是表示自己已经输了，而是因为你更加珍惜彼此的感情；示弱，并不代表懦弱，而是一种智慧的表现。

俗话说："家是一个讲情的地方，而不是一个讲道理的地方。"我们需要的更多的是爱人的陪伴，是理解，是爱护，而不是强势地追究谁对谁错。如果你过于强势，过于强调绝对的权威性，就会让婚姻陷入困境，终有一日，这种婚姻关系会难以维持。

夫妻之间，重要的是平等。在婚姻当中，男人需要的，不是一个在家说一不二，强行让人服从的女强人，而是一个能够相互扶持、互相沟通的妻子。所以，女人一定不能太过强势。

人生苦短，对于大多数人而言，夫妻二人共度的时光多不过七十载，何必那么强势、咄咄逼人，凡事都要争个高下呢？

人生中有很多美好的事情转瞬即逝，你真的要把自己的时间和精力都浪费在口舌之争和强行压制别人之上吗？

就算你真的拼赢了对方，但是到最后却输掉了这段感情，那你的赢也没有任何意义。人生本就是一个不断积累的过程，你在哪方面积累的正能量多，你就会在哪方面获得成功；你在哪方面积累的负能量多，你就会在哪方面失败。强势的女人，只想着自己掌控力的满足，却不积累和爱人的感情，最后往往会活成孤家寡人。

最好的爱情，就是在时光中并肩前行

相信很多女人都会有这样一个问题：对于女人而言，什么样的爱情才算是一生中最好的爱情？怎样的爱情又算是一生中最坏的爱情呢？

其实，回答这个问题并不难。最好的爱情，往往就是在一起的两个人能够一起进步，一起进取，一起奋斗，一起发酵，一起在时光中并肩前行，成为更好的自己。最坏的爱情，往往就是在一起的两个人，一个人在不断前进，而另一个人却在原地踏步，仰望对方。

两个人在一起，如果一方一直都在为共同的幸福生活和婚姻而不懈努力、奋斗，希望自己成为更好的人，而另一方却保持在原地，这样在他人不断进取的对比下，你的原地踏步就相当于退步，彼此之间的差距就会越来越大。

当双方差距越来越大的时候，两人之间原本的爱也会因为一个越来越好，一个保持原状而慢慢产生隔阂。这样的爱情和婚姻是岌岌可危的。一旦这种差距越过临界点，那么婚姻就此便会幻化成为一片满目狼藉的废墟，最终在消沉中消逝。

季美玉的同学兼闺蜜小慧和学长强哥恋爱三年后喜结连理。然而前不久，小慧决定离婚了，这让她十分纠结，十分痛心和无奈。小慧认为自己的婚姻出现危机的根本原因在于与丈夫的心的距离越来越远，她对丈夫的想法丝毫不了解，而自己的要求，丈夫又不清楚，两人没有共同语言，无法交流与沟通。

然而，当季美玉约小慧和强哥一起坐下来好好谈谈，希望他们能改善当前情感局促的局面时，才发现，原来两人之所以让原本浓情蜜意的爱情发展到无法继续下去的地步，原因是小慧这几年自身并没有发生过任何改变。小慧和强哥当初学历相当，经历也极为相似，两人开始的时候感情很好。但是，婚后，为了家庭更加幸福，强哥在业余时间还开展了自己的副业，每月赚不少外快，同时自己的人脉圈也逐渐向高层次攀升。这些都使得强哥在各方面发生了变化。而小慧这些年一直都是老样子，工作一般般、生活一般般，从没想过学习什么，也没想过要改进什么、提升什么，她看不见强哥的不懈奋斗和细微变化，不懂得分享强哥的精神世界。就这样，渐渐地，两人在生活中因为在一些小事上想法不同、观念不同，使得彼此之间的情感受到影响，并逐渐降温。最终，两人都痛苦不堪，选择了放手。

其实，他们两人情感崩溃的直接原因就在于，小慧根本没有意识到夫妻之间共同进步的重要性。如果两人思想、观念差异太大，即便是当初人们眼中的金童玉女，也经不住岁月的打磨。像小慧这样没有和丈夫同进退，有多少夫妻会因此而劳燕分飞？

看到小慧的情感经历，季美玉原本不相信爱情的“门当户对”，但如今却信了。这种门当户对并不是传统意义上的物质财富、家庭地位上的门当户对，而是共同进步的门当户对。在婚姻里，两个人就像天平的两端，任何一端质量发生变化，都会影响整个婚姻的平衡。爱情当中，一方变得越来越优秀，而另一方则止步不前时，也往往是两人关系走到尽头的时候。

杨澜曾经说过这样一句话：“婚姻最坚韧的纽带不是孩子，不是金钱，而是精神上的共同成长。”的确，婚姻生活是否和谐美满，主要看婚姻中双方是否在共同进步、共同成长。所以，女人，要想维系自己的幸福婚姻，首先要做更好的自己，女人若优秀了，便有底气了。

我在与爱人相识时，还在一家内衣店上班。而男方却是一位名牌大学毕业的高材生，在国企工作，并且男方家境优越，用世俗的表达就是“门不当户不对”，用童话故事比喻便是“灰姑娘与白马王子”。但我的爱人就是喜欢我那股子由内而外散发出的激情和活力，另外，也许是我的那份善良孝顺的特质深深地吸引了他。

两个相爱的人只靠喜欢并不一定能长久，唯有一起进步，才能成就更好的爱情和生活。

于是我在内心给自己提了一个严格的指标：做一个经济独立、能与爱人“并肩作战”的女人。后来我选择了自主创业，和我的另外两个合伙人共同去创办“DS”品牌。“创业”两个字读起来轻松，但背后的付出却是常人难以想象的。我常常把车当作自己的办公室，开起车赶路，停下车处理工作。三年里，近20万公里的里程数据见证着我们努力打拼的汗水。

我的努力，爱人都看在眼里，感动在心里。他并不因自身优越的条件而墨守现状，而是在自己的行业领域里不断探索，带领团队大胆创新，深耕细作。如今，年纪轻轻的他已经是大型国企的副总。

在时光中并肩前行的我们，可以互相骄傲地说：“多亏有你，我对事业的追求才这么有激情、有动力！”

事实证明，我的选择是对的。如今我与爱人在并肩前行，已经逐渐缩短了我们之间原本存在的差距，使得彼此之间更加相敬如宾，爱意满满。

我相信，那些优秀的女人不会让自己仅仅成为一个家庭主妇，而是会选择做一个经济独立、能和丈夫“并肩作战”的女人，她们也是极为睿智的。这样的女人，能够得到丈夫更多的依赖，这种依赖不仅仅是家庭方面，还包括工作方面。女人在决定成为家庭主妇的那天起，千万不要把自己的位置定义为一个简单的被家务所累的家庭主妇，而是要成为一个精英男人的“贤内助”，帮助丈夫在工作上做力所能及的事情，实现共同成长、共同进步。

温莎原本是职场中一个叱咤风云的女强人，结婚后决定退居二线。但是，她觉得如果每天将自己置身于家务当中，将自己的才华浪费掉就太可惜了。在经过短暂的思考之后，她决定做丈夫的“贤内助”。所谓的“贤内助”其实就是当好精英丈夫的助手，与全职的白领有所不同，她可以不用到职场工作，这样就省去了花费很多时间与同事维系关系的苦恼，同时也可以做到经济独立。这样，相比过去紧张的职场生活，温莎反而觉得多出了一份安逸和清闲。

温莎做了贤内助之后，帮助丈夫料理工作上的事务，用自己的专业知识帮助丈夫做企划、报表等。夫妻二人共同做一份事业，这样一来可以让彼此之间有更多的话题，二来可以在朝着一个共同的目标努力的情况下，让自己得到更多成长的机会。两人在工作中也不会像在职场中一样在利益问题上发生冲突和分歧，相互配合起来自然比和同事工作的时候更多了一份默契。

如今，很多女人像温莎一样做起了丈夫的贤内助，她们甘愿牺牲自己的事业，帮助丈夫的事业蒸蒸日上，成为典型的成功男人背后的女人。同时她们还可以获得一份不错的收入，一边兼顾丈夫的工作，一边在闲暇的时候轻松享受家庭生活，有更多的时间照顾自己的家人。与过去相比，她们可以腾出更多可以自由支配的时间，去学习，去旅游，去健身，去美容，让自己由里到外各方面都得到提升，让自己的生活变得更加充实，更重要的是收获更多成长和进步的机会。

所以，女人不要以为自己嫁得好就可以坐享其成、万事大吉，要知道婚姻就好比是一家“公司”，需要你去好好经营，只有夫妻二人共同奋斗、共同进步、共同成长，才能让婚姻这场生意越做越好。而你所收获的将是这世间最好、最幸福的婚姻和爱情。

（注：本节中的“我”系作者之一——赵艳伶）